家庭财富保卫攻略

王昊　著

U0258765

中信出版集团 | 北京

图书在版编目（CIP）数据

家庭财富保卫攻略 / 王昊著 . -- 北京：中信出版
社，2019.4 (2020.5重印)
  ISBN 978-7-5217-0138-8

  I.①家⋯ II.① 王⋯ Ⅲ .① 家庭管理—财务管理
Ⅳ .① TS976.15

  中国版本图书馆 CIP 数据核字 (2019) 第 037391 号

家庭财富保卫攻略

著　　者：王昊
出版发行：中信出版集团股份有限公司
　　　　　（北京市朝阳区惠新东街甲 4 号富盛大厦 2 座　邮编　100029）
承 印 者：北京诚信伟业印刷有限公司

开　　本：787mm×1092mm　1/16　　印　张：14.75　　字　数：160 千字
版　　次：2019 年 4 月第 1 版　　印　次：2020 年 5 月第 2 次印刷
广告经营许可证：京朝工商广字第 8087 号
书　　号：ISBN 978-7-5217-0138-8
定　　价：55.00 元

目录

第五章　继承与财富传承

序言

我和王昊律师相识于 2002 年，她选修了我在伦敦大学国王学院开设的"国际和比较信托法"课。此后，我们一直有学术和业务上的讨论与交流。看到她现在事业成功，我非常高兴并且为她祝贺。

随着中国经济几十年的快速发展，许多企业家和投资者创造了巨大的财富，《家庭财富保卫攻略》这本书就变得非常重要了。他们需要知道如何为家庭成员或下一代守住财富并使其保值、增值。而随着全球化的发展以及人口在不同国家之间的流动，家族财富也就包括了不同国家的家庭成员的境内外资产。为了家族资产在这个全球化的世界中不受到"富不过三代"的困扰，财富传承安排变得至关重要。

为了家族成员的利益，他们要做的是：首先需要将公司资产与家族资产相分离；其次需要考虑的问题是，如何在尽可能长的时间内，将个人资产放置在一个受保护的，并可以隔离风险的基金中，也就是家族信托中，这是对资产进行保护的关键策略；最后需要找到一个值得信任的资深人士或组织，也就是我们熟知的受托人，在适当的情况下，为特定家庭成员的利益，将家族财富进行适当分配。这个话题将在这本书第四章"家族信托与财富传承"中进行详细分析。王昊律师深入浅出地把很多家族面临的各种疑难问题，进行了诠释并提出了解决方案。

为了说明实践中经常会遇到的问题，王昊律师对各类在现实中发生的案例进行了非常有用的分析。在涉及"婚姻与财产""保险""移民与税务""继承"等内容的章节中，针对婚姻、离世、移民和税务风险及挑战等问题，她还提供了实践中的真实案例，她的专业知识与丰富的实践经验使很多客户受益。

这本书将使中国的高净值人士和他们的财富管理顾问学习到，保护和发展家庭财富的方法。当然，对于一些复杂的案件与实务，无论是客户还是他们的顾问，还需要求助于经验丰富的专业律师。

大卫·海顿（David Hayton）教授

英国最高法院派驻加勒比海地区法院首席大法官

英国信托法委员会前执行副主席

前言

中信银行私人银行与胡润研究院联合发布的《2018 中国企业家家族传承白皮书》显示，中国大陆拥有亿万元资产的家庭数量已经达到 11 万户，比 2017 年增加了 1.1 万户，增长率达11.2%，其中拥有亿万元可投资资产的家庭数量达到 6.5 万户。

可以说，在今天这个时代，你能在北上广深拥有一套房子，便是千万富豪了；如果所在公司上市，你还可能成为亿万富豪。所以我们都可能拥有财富，但首先要有想赚钱的心。

可惜的是，很多人仅忙于赚钱，却忘记了守财也是大事。

比如一些企业家以迅雷不及掩耳之势进军各大优选市场，第一时间散尽资产打通渠道，却没能一如既往创造财富，反而在人生巅峰的时刻一落千丈，将企业与股东个人的资产全部挥霍，最终不仅欠下巨额债款，甚至遭受囹圄之灾。

还有一些家族的一把手，前期未能做好家族传承的准备，本该和睦的一家人却分离，甚至出现了家庭财产的争夺大战⋯⋯

这些都让我开始思考，在财富管理尤其是财富传承领域，这些富人究竟有哪些服务需求？他们应该如何被指引，才能避免后续诸多悲剧的发生？

2005 年我在英国访问之际，曾经和时任英国信托法委员会副主席的保罗教授讨论过这个话题，他的回答让我至今难忘："我们从为一个家族新生命的降临喝彩的那刻起，就应该看到在他生命的每个阶段所面临的挑战——求学、职业道路的选择、择偶、家庭的变故、事业的蒸蒸日上或突如其来的打击。"

而如今，当奋战在中国私人财富规划领域第一线的时候，我也深深体会到一位优秀的顾问对客户的陪伴将是终身的。

我有一位客户，她在自己孩子很小的时候，就来咨询我有关孩子出国留学的事，我帮助她办理了移民手续；当她的孩子到了谈婚论嫁的年龄，她又开始担心孩子持有的财产如何能隔离未来的婚姻风险；当共同申报准则（CRS）出台的脚步远远超乎大家想象的时候，她又和我仔细盘点了境外自己名下，包括家人代持的财产，非常想了解如何应对共同申报准则实施后的影响。

那么，我们怎样才能打破"富不过三代"的中国式财富魔咒呢？

随着近几十年经济的发展，中国正处在普及财富管理知识的关键时刻。

为此，我将平时工作中的实践案例总结并归类进行点评，整理成本书《家庭财富保卫攻略》。书中涵盖了和婚姻与财产、保险、移民与税务、家族信托与财富传承、继承等相关的 48 个案例。读完这些案例及分析后，你会发现对于财富保全与传承这件事，你会有全新的理解与认识。不论是对于自己的家庭，还是对于客户的财富安排，你都会游刃有余、得心应手。

最后，在本书的撰写中，我得到了许多同事、朋友的支持，从而使我能在忙碌之中顺利完成书稿。在此，我特别感谢于蕴海、张媛和玉婷热情的帮助，感谢中信出版集团的支持，感谢这么多年以来，和我相伴相随的客户和金融机构的朋友们，希望我们一起做好中国的家族传承事业！

王昊

第一章 婚姻与财产

未婚同居期间的财产要如何分割

导读

随着时代的发展，人们的婚姻观念改变了不少，以前认准一个人就赶紧结婚，生怕人跑了；现在，未婚状态下同居10多年，还生了孩子的事并非少见。而且闹分手的时候，双方比离婚家庭还要算得细。只是，事实婚姻与法定婚姻有着本质区别，尤其是在分割财产的时候，未必可以使用《中华人民共和国婚姻法》（以下简称《婚姻法》）解决。那么，同居关系解除和婚姻关系破裂在分割财产方面有哪些不同？同居期间的财产要怎么分割呢？

案例

张某和王某以夫妻名义同居生活了10年之久，至今没有领取结婚证，也没有孩子。这期间两个人感情非常好，虽然房子和车子是他们共同购买的，但是为了表忠心，男方张某在房本和车本上写的都是女方王某的名字。可是世事难料，同居10年后，两个人却分手了。

张某认为，既然没有结婚，他就完全可以拿回属于自己的那一份财产。但是王某觉得，一起生活了这么久，自己也付出了很多，生活开销自己也掏了至少一半，而且房本和车本上只有自己的名字，自己的精神损失费都不止这些钱，男方不应要回去。

焦点问题

同居期间的财产要怎么分割？

案例分析

案例中王某想的，想必很多人都是认同的，但其实没有这么简单。首先我们要明确，什么是同居关系。其实在"同居"之前，我国有"非法同居"的概念。根据 1989 年 12 月 13 日最高人民法院印发的《关于人民法院审理未办结婚登记而以夫妻名义同居生活案件的若干意见》，非法同居是指没有配偶的男女，未经结婚登记即以夫妻名义同居生活的，其婚姻关系无效，不受法律保护。被起诉到人民法院的，应按非法同居关系处理。然而，2001 年最高人民法院发布了《关于适用〈婚姻法〉若干问题的解释（一）》，该《解释》把原来的"非法同居关系"改为"同居关系"。也就是说，司法实践中已取消了"非法同居关系"的法律用语，取而代之的是"同居关系"。

解决同居期间财产争议的法律依据，目前仍是 1989 年 12 月 13 日最高人民法院发布的《关于人民法院审理未办结婚登记而以夫妻名义同居生活案件的若干意见》，该《意见》第八条规定，人民法院审理非法同居关系的案件，如涉及非婚生子女抚养和财产分割等问题，应一并解决；具体分割财产时，应照顾妇女、儿童的利益，考虑财产的实际情况和双方的过错程度进行妥善分割。该《意见》第十条规定，解除非法同居关系时，在生活期间双方共同所得的收入和购置的财产，按一般共有财产处理。解除非法同居关系时，同居期间因共同生产、生活而形成的债权、债务，可按共同债权、债务处理。

以上虽为"解除非法同居关系"时应予以遵照的法律条文，但在司法实践中，这些条文依然适用处理"解除同居关系"时所涉及的财产争议。也就是说，在办理结婚登记前，以夫妻名义同居生活，同居期间双方共同所得的收入和购置的财产，是要按照一般共有财产进行处理，而不是按共同共有财产处理。即能证明为个人财产的，按个人财产处理；不能证明为个人财产的，按共同财产处理。当双方解除了同居关系时，同居期间因共同生产、生活而形成的债权、债务，是要按照共同债权、债务处理的。在本案中，如果按照上述原则处理，即使房本、车本上写的都是王某一个人的名字，但不管是车子还是房子，都是二人在同居期间共同付出所得，只要张某有理有据，房子、车子这样的财产并非不可分割。

有的人认为，《婚姻法》第十八条明确规定，遗嘱或赠与合同中确定只归夫或妻一方的财产，为个人所有，可以不用分割。但是大家也都忽略了，这只适合在夫妻之间，也就是有着明确法律效力的婚姻关系。因此，即使当初的约定可以被理解为赠与，张某和王某之间也无法引用上述规定。而且根据《婚姻法》，也只有拥有法律效力的婚姻关系，在处理夫妻共同财产时，才享有平等的处分权。同居关系分割共同财产，则是以财产取得方式确定产权，也就是说被认定的共同财产，未经共有人同意，不得处分。

总结

同居和拥有法律效力的婚姻，在财产分割时的处理模式不同，所以我们要提醒新时代的男男女女，同居关系和普通恋爱关系、婚姻关系是不同的，它既没有纯粹恋爱的简单，也没有婚姻关系的法律保障，为了避免给自己的生活增添过多麻烦，一定要严肃对待。毕竟除了财产的分割，一旦牵扯孩子的问题，就会更加复杂。如果双方确实因为某种原因不能结婚而在一起共同生活，可以在同居期间签订一份财产协议，来约定同居期间的财产归属，这样既可以避免双方因分居而引发不必要的纠纷，也可以保障自己的利益。

非婚生子女的法律地位

导读

随着视野越来越广阔，人们面对生活的选择也变得开放许多。在传统观念中，人生的顺序应该是工作赚钱、结婚生子，而现在人们更愿意先同居，然后慢慢一起拼搏，甚至会在这期间先生孩子。这一现象的出现，不仅没有遭到人们的排斥，反而越来越常见，还受到现代年轻人的推崇。他们认为，这样不仅可以灵活掌控生活，在不被一纸婚书的约束下，享受到婚姻的乐趣和好处，还可以降低很多成本，不用承担婚姻的沉重后果。然而，未婚是把双刃剑，有好的一面，必然也有坏的一面，即会产生一些问题，比如，你们的婚姻是否会受到法律保护？你们的子女是否会受到影响？他们是否可以拥有合法地位？

案例

2008年小红嫁给了小明，双方在小明的老家举行了婚礼，但一直没有领结婚证。2009年小红生了一个儿子小小明，几年和睦的日子之后，2014 年小明和小红大吵一架后离家出走，再也没有回来。小小明渐渐长大，直到准备上小学的时候才发现，需要办理户籍登记等手续才能顺利入学。为了这件事情，小红只得辗转联系小明出面，共同办理相关手续，并且要求其支付儿子的抚养费、教育费和生活费。小明拒绝支付，于是小红向法院起诉。在法庭上，小明不仅否认两个人之间有恋爱关系，还否认曾经发生过性关系。小红一着急，就要求进行亲子鉴定。然而，戏剧性的事情发生了：亲子鉴定结果显示，小小明和小明没有血缘关系。小明一怒之下，当庭提起反诉，要求小红返还 5 年来支付的抚养费。

焦点问题

非婚生子女的法律地位究竟如何？

案例分析

虽然在本案例中，发现自己一直抚养的非婚生子女不是自己亲生孩子的这种情况，现实生活中不是很多，但是经过亲子鉴定，与父母是血缘关系的情况，是很多非婚生子女常遇到的，我们逐一分析。

首先，"非婚生子女"这个字眼儿，就给人一种不正式、不受保护的感觉。其实，是否为婚生并不影响父母和孩子之间的法律关系。"非婚生子女"，从字面看其实很好理解，就是父母没结婚却生下的孩子，可以说，法律用这个术语给出了一个明确的身份，既然给出了身份，那么必然会有相关的具体规定，在《婚姻法》和《中华人民共和国继承法》（以下简称《继承法》）中非婚生子女的法律地位究竟如何？《婚姻法》第二十五条规定："非婚生子女享有与婚生子女同等的权利，任何人不得加以危害和歧视。"《继承法》也有相应的规定，其第十条规定："遗产按照下列顺序继承。第一顺序：配偶、子女、父母。第二顺序：兄弟姐妹、祖父母、外祖父母。继承开始后，由第一顺序继承人继承，第二顺序继承人不继承。没有第一顺序继承人继承的，由第二顺序继承人继承。本法所说的子女，包括婚生子女、非婚生子女、养子女和有扶养关系的继子女。"也就是说，小小明和他亲生父母之间的关系，并不弱于婚生子女，不论是在父母抚养义务、遗产继承等方面，都和婚生子女拥有相同的权利。

其次，在小明和小红解除同居关系的时候，双方就应该想到子女由谁抚养的问题。法院在审理这样的案件时，可能会因为孩子的年龄原因而有不同的判断标准。如果小小明还只是一个两周岁以内在吃母乳的小男孩儿，原则上法院会交由小红抚养，除非出现一些特殊情况，如小红没有抚养能力。当然，法院会以子女利益为优先，通过相关因素来判断，如小小明的个人意愿、父母双方的经济工作状况及家庭状况等，都可能是考虑的因素。

再次，父母对子女的抚养和教育义务是一种法定的义务，不会因为孩子是非婚生的就减轻。抚养费的金额会根据子女的实际需要、双方的负担能力和当地的实际生活水平来确定。而各自担负多少、怎么支付这样的问题会根据具体的情况来做调整。无论如何，小小明的父母都不能以没有能力抚养小小明为理由，拒绝抚养非婚生小孩儿。

最后，值得注意的是，本案例中小明发现自己一直抚养的非婚生子女不是自己的亲生孩子，他就完全可以要求返还抚养费，只是不能要求损害赔偿。因为同居关系并不属于婚姻关系，法律是不鼓励的，所以法律对双方的权利保障非常弱。在婚姻关系中，丈夫尚且难以用抚养非亲生子女这一理由来要求损害赔偿，因此在同居关系中男方的这种要求同样不能如愿以偿。

总结

小明和小红的儿子能够和其他婚生子女享受一样的法律地位，他的亲生父母不得推辞对他进行抚养。小明因为只是同居关系中的男方而非婚姻关系中的丈夫，无法获得精神损害赔偿，但是他可以要求亲生父母返还他这些年支出的抚养费。

所以大家要切记，爱情是美好的，但是在灰色地带的同居关系有太多的变数。结婚证与爱情相比，也许轻如鸿毛，但它能够保证双方以及非婚生子女的合法权利。陷在热恋中的男女，要未雨绸缪，为这份关系加上一份保障。

移民后离婚，国内房产怎么分

导读

近年来，全球移民人口增长迅速，2000 年为 1.73 亿人，2010 年为 2.2 亿人，2017 年已经高达 2.58 亿人。中国更是连年高升，成为第四大移民输出国。可是别看很多人走了出去，自己的资产却没跟着自己。这让很多移民家庭纠结，如果自己移民海外，却要面对不稳定的婚姻，那么财产应该怎么办？又该如何分割？一旦夫妻双方因为某种原因而离婚，他们在境内的财产将如何分割？

案例

张先生与徐女士都是新加坡居民，张先生常年在中国做生意，徐女士则在新加坡做全职家庭主妇，两个人于 1987 年在新加坡结婚。1998 年，徐女士到上海考察看中了一套房子，于是出首付款购买了，并将房子登记在自己名下，然后以自己的名义申请了银行贷款，并按期还款。2014 年，张先生与徐女士的婚姻走到尽头，而徐女士当年在上海买的房子市价已经翻了 20 倍左右。双方在新加坡法院诉讼离婚后，张先生到上海法院起诉，要求分割徐女士名下位于上海的这套房子。

焦点问题

移民后离婚，国内房产如何分割？

案例分析

徐女士认为双方都是新加坡人，而且上海的房子是自己出资购买且产权登记在自己名下，银行贷款也由自己偿还，在进行财产分割的时候选择新加坡法律会更加有利于自己，而且她认为张先生无权要求取得该房子的所有权。而张先生认为房子位于上海，应以位于上海为由，在中国起诉，适用不动产所在地法，因此本案属于涉外不动产权属纠纷。那么，法院到底应该怎么判决呢？

首先，我们要知道在夫妻婚后财产制方面，中国法律采取夫妻共同财产制，即婚后夫妻各方所获得的工资、投资收入、赠与收入、继承收入等财产归夫妻双方共同所有；而新加坡则实行夫妻婚后分别财产制，即婚后夫妻各方的收入归个人所有。也就是说，徐女士名下这套位于上海的房子，如果适用中国法律，则对张先生有利，原则上张先生能分得该套房子市价的一半；如果适用新加坡法律，则完全归徐女士一人所有。那么一定有人说，哪个国家或者地区的法律更加有利于自己，就按照哪个国家或者地区的法律。还有很多人可能会说，《中华人民共和国民事诉讼

法》（以下简称《民事诉讼法》）第三十三条规定，"因不动产
纠纷提起的诉讼，由不动产所在地人民法院管辖"，由于该房产
位于上海，所以肯定适用中国的法律。所以，我们要提醒大家的
是，其实这件事不是那么简单的：这套房子虽然是婚内所得，还
是不动产，但不能简单按照《民事诉讼法》的不动产权属纠纷
适用不动产所在地法的规定，因为这个案子是基于夫妻离婚而确
认财产关系，而且具有明显的人身属性，并且双方都是新加坡居
民，具有涉外因素，应该根据《中华人民共和国涉外民事关系
法律适用法》中有关夫妻财产关系的规定来选择准据法，该法
第二十四条规定："夫妻财产关系，当事人可以协议选择适用一
方当事人经常居所地法律、国籍国法律或者主要财产所在地法
律。当事人没有选择的，适用共同经常居所地法律；没有共同经
常居所地的，适用共同国籍国法律。"因此，首先应由当事人双
方协商选择适用的法律，张先生和徐女士可以协商选择一方当事
人经常居所地法律、国籍国法律或者主要财产所在地法律，若张
先生和徐女士在选择适用法律的问题上未达成一致，双方也无共
同居所地，适用双方的是共同国籍国法律即新加坡法。而根据新
加坡法律，在没有特别约定的情况下，婚后所得实行夫妻分别财
产制。换言之，这套位于上海的房子应当属于徐女士一人单独所
有。上海第一中级人民法院的二审判决也支持了这一观点。

总结

判断财产的归属，首先要确定准据法，即确定本案应该是适
用中国法律还是新加坡法律；其次看该案到底是属于不动产权属

纠纷，还是基于离婚而进行财产关系确认。讲到这里，大家大概可以推断出，张先生和徐女士如果在移民美国、加拿大或欧洲后出现离婚问题，对于他们在中国境内的房产分割问题，法院的处理态度就不一样。

因此，在夫妻感情良好时，双方最好能够理性地通过夫妻财产协议，合理地划定夫妻双方的财产归属范围，并将协议进行公证，避免日后离婚，还要因财产分割对簿公堂，在"伤口"上撒盐。

丈夫负债，妻子应该替他还吗

导读

"对赌协议"这个词，大多数人可能只在新闻报道上偶尔看到，而在高净值人士的财务规划中，这个词的出现频率并不低。很多公司为了融资，都会跟投资方签署对赌协议，对赌成功，自然皆大欢喜，但如果对赌失败，随之而来的债务会让被投资的一方头疼。而我们讨论的案例更为极端：丈夫生前对赌失败，其遗孀不但要承受丧夫之痛，还可能要偿还丈夫欠下的巨额债务。

案例

某大型影视文化公司创始人李先生在 2011 年 3 月曾与某投资公司签订了一份投资协议，协议共有三方，李先生三兄妹为甲方，该影视公司为乙方，投资公司丙为投资方。协议中约定了股份回购条件，如果影视公司未能在 2013 年 12 月 31 日之前实现合格上市，投资方有权在 2013 年 12 月 31 日后的任何时间，在符合当时法律要求的情况下，要求影视公司或三兄妹中的任何一方，一次性回购投资方所持影视公司的股权。为了达成投资协议的条件，影视公司不计一切代价寻求短期发展，却没有长远的考虑。尤其为了能够使业绩持续、高速地增长，该公司疯狂地投入与支出资金，这将造成后期的财务风险。

最后，投资协议中的条件未达成，影视公司未能成功上市。2014年1月，李先生去世，公司内部混乱，业务发展停滞，不仅少有新作品推出，原先筹备上映的作品票房惨淡，甚至资金链也存在断裂隐忧。而后，投资公司以李先生的遗孀金女士，李先生的兄妹、父母和女儿为被申请人，向贸易仲裁委员会提出仲裁申请，请求裁决向其连带支付6.35亿元，其中包括投资公司对影视公司4.5亿元的投资金额及其产生的利息。因为这一请求不属于仲裁管辖范围，因此投资方起初并没有在仲裁庭得到有利的裁决。但是投资方对于追债坚持不懈，又向法院起诉，法院裁决由金女士，李先生的兄妹、父母和女儿，在继承遗产的范围内承担责任。投资方对于这个判决非常不满，于2016年10月，以李先生遗孀金女士为被告，向北京市一中院提起诉讼，认为"投资协议"中的股权回购款是李先生和金女士的夫妻共同债务，请求判决金女士对股权回购款、律师费及仲裁费等在2亿元范围内承担连带清偿责任。

一中院的一审判决为："夫妻共同生活并不限定于夫妻日常家庭生活，还包括家庭的生产经营活动，案涉债务属于李先生在经营公司时产生的债务，应当由金女士对此承担连带责任。"判决书中还分析，公司增资后，作为股东的李先生能通过公司拿到更多股份，在承担股权收购义务的前提下，能为公司带来更多利益，而这些利益无疑可以惠及金女士，所以此案所涉债务的产生指向家庭经营活动，属于夫妻共同生活的一部分。

金女士通过媒体表示，自己对这份投资协议完全不知情，也没有签字，自己在影视公司没股份，也没参与公司的经营，为什么会有夫妻共同债务呢？于是，金女士就该判决向市高级人民法院提起了诉讼，同时这起案件成为《关于适用〈婚姻法〉若干问题的解释（二)》确立以来额度最大的案件，仅二审诉讼费就高达上百万元。

焦点问题

丈夫欠债，妻子应该替他还吗？

案例分析

作为本案定案依据之一的《关于适用〈婚姻法〉若干问题的解释（二)》第二十四条规定："债权人就婚姻关系存续期间夫妻一方以个人名义所负债务主张权利的，应当按夫妻共同债务处理。"此条规定的目的，是防止夫妻合谋通过离婚转移财产的方式来规避债务，侵害债权人的利益，但这也忽视了对不知情的配偶一方权益的保护，从而导致大量不公平现象出现，增加了婚姻风险。

针对这一规定，最高人民法院在 2017 年已做过两次修正，明确了用于夫妻共同生活的债务为夫妻共同债务，没有用于共同生活的债务为个人债务。夫妻一方为生产经营活动的举债，根据生产经营活动的性质、夫妻双方在其中的地位和作用、第三人是否善意等具体情形来认定是否属于夫妻共同债务。

2018 年 1 月 17 日，最高人民法院发布了《最高人民法院关于审理涉及夫妻债务纠纷案件适用法律有关问题的解释》，对当前司法实践中争议较大的夫妻共同债务认定问题做出明确规定，并重新分配了举证责任。

其第三条规定："夫妻一方在婚姻关系存续期间以个人名义超出家庭日常生活需要所负的债务，债权人以属于夫妻共同债务为由主张权利的，人民法院不予支持，但债权人能够证明该债务用于夫妻共同生活、共同生产经营或者基于夫妻双方共同意思表示的除外。"最高人民法院在答记者问中明确表示，除农村承包经营户以外，其他夫妻一方因经营所负债务，不属于家庭日常生活需要所负债务，也就是说债权人应当证明该债务用于夫妻共同经营，否则该笔债务不属于夫妻共同债务。

第二十四条的规定在实践中所暴露出的一系列问题引起了广泛关注，众多被牵扯进不知情的夫妻共同债务案件的人士，成立了"反 24 条联盟"，并一直努力向立法机关反映情况。而最高人民法院针对第二十四条的一系列修正，或许会使金女士的案件迎来转机。

金女士的案件中，对赌协议的签署是源头。我们应该引以为戒的是，在我国现行婚姻制度下，很难明确夫妻共同债务的范围。但本案中，若在签署协议前以保险、信托等方式事先隔离一部分家庭资产，使之成为独立于自己个人名下的资产，那么恰当运用资产隔离机制后被保护起来的资产，就完全不用担心债权人追究的问题。

总结

　　金女士的案件无疑又一次为广大高净值人士敲响了警钟，家庭财产一定要与公司财产相隔离，不要让生意上的"风暴"影响到家庭财产的安全。要想保障家庭财产安全，我们要合理利用信托、保险等多种财产工具，设置"重重壁垒"分摊风险，这样才能高枕无忧。

夫妻忠诚协议有效吗

导读

据 2018 年《社会服务发展统计公报》，2017 年民政局办理结婚登记 1 063.1 万对，比 2016 年下降 7.0%；办理离婚手续共 437.4 万对，比 2016 年增长 5.2%。俗话说的"三年之痛，七年之痒"已经不再是平常状态，因为很多夫妻熬不到七年，就走上了婚后三年的离婚高速路。而导致婚姻失败的因素，除了占据 64.52% 的性格不合、争吵以外，婚外情也占了很大比例。我们就围绕这些因素，将道德问题、财产问题梳理一下。

如果我们无法让婚姻按照期望的发展，面对它的失败，我们又该采取怎样的方式来帮助自己、保护自己呢？很多人认为，有一种"忠诚协议"可以成为自己婚姻的保障，但这种方式真可以帮助我们吗？我们来看一个案例。

案例

小 A 与小 B 在婚姻存续期间签订了《夫妻忠诚协议》，约定如一方发生婚外情，且双方因此离婚，须赔偿另一方的精神损失费 30 万元。协议签订后，在婚姻存续期间，小 B 发现小 A 与他人同居，于是向法院起诉离婚，与此同时，小 B 以小 A 违反《夫妻忠诚协议》为由要求法院判小 A 支付精神损失费 30 万元，因为小 B 认为，这种情况下离婚，完全可以得到精神损失费。

焦点问题

《夫妻忠诚协议》什么情况下才有效？

案例分析

说起婚外情和离婚，很多人会认为被伤害的一方拿出证据，要求赔偿就可以了。但是，如果真的这样做，即便你是受伤害的一方，也有可能被要求赔偿那个伤害你的人。我们先从法律规定的角度看婚外情的问题：首先，婚外情绝对不是婚内一夜情，或者一方在婚内长期和配偶之外的某个或某些人所维持的性关系，法律的婚外情应是，有明确的证据证明，这个人在婚内长期和某个人保持着类似婚姻的关系，比如共同拥有另外一个家，还经常在一起住。其次，我们还要明确，证明婚外情存在，不是只要知道他们在私人住宅或酒店共同居住过，或有私生子就可以，而是要在不造成侵犯他人隐私权的范围内，拿出更多有利而确凿的人证、物证，证实配偶确实在婚内与其他异性有同居的不正当关系。而在别人家或者宾馆搜集的证据，不但可能不被法院采纳，证据搜集者反而可能吃官司。

说到这儿，肯定有人问，如果自己找不到证据，是不是只能放弃，求和平离婚呢？这当然是最理想的状态，但是我们看了这么多案例，不得不提醒受伤害的一方，你的善良未必能获得如你所愿的结果。他们很有可能反告你无中生有，然后吞并所有财产，一分都不留给你。所以，如果真有有力的证据，那就在调解、诉讼中争取更多的主动，给过错方施加更多的精神压力，迫使其做出更大的让步，以打破法院一般财富均分的常规判法，使自己的痛苦能从多分得财富上获得慰藉。因为法院在审理案件时，有可能会适当"照顾无过错方"。虽然这个"照顾"只是量的变化而不是质的区别，但仍然是有利的，所以在合法范围内，还是搜集越多的证据越好。

那么在本案中，如果小 B 有了相应的证据，是否可以因为对方违反《夫妻忠诚协议》，要求法院判小 A 支付精神损失赔偿费 30 万元呢？

其实，《夫妻忠诚协议》绝不是哗众取宠，是现实婚姻中无过错方的大胆尝试，同时在某种程度上也是一种无奈之举。所谓《夫妻忠诚协议》，是男女双方在婚前或婚后，自愿签订的一种协议——婚姻存续期间，夫妻双方恪守《婚姻法》所倡导的夫妻之间互相忠实的义务，如果违反，过错方将在经济上对无过错方支付违约金、赔偿金，放弃部分或全部财产。现实中《夫妻忠诚协议》还有保证书、认罪书、空床费等其他形式，但是，很多时候法律未承认这些。

法学理论界对《夫妻忠诚协议》存在分歧，现有两种观点。一种观点认为，此类协议无效，不受法律保护。协议的内容属于道德约束的范畴，协议的履行和约束属于道德范畴，不是法律层面问题。《婚姻法》第四条规定的夫妻之间有互相忠实的义务，但该条规定只是一个宣言和法律价值取向。结合《最高人民法院关于适用〈婚姻法〉若干问题的解释（一）》第三条的规定"当事人仅以《婚姻法》第四条为依据提起诉讼的，人民法院不予受理；已经受理的，裁定驳回起诉"，即法律没有把夫妻双方相互忠实规定为一项义务。而另一种观点认为，此类协议有效，应受法律保护。契约自由是权利的重要体现，当事人有权对自己财产的处分做出约定，只要不违反法律规定，应当被认定为有效。此协议实际上有利于社会和谐、家庭和睦。

所以，我们要注意《夫妻忠诚协议》在实务中是否有效，根据协议涉及的人身关系和财产关系的具体内容进行具体分析：

首先，如果协议约定："夫妻有一方发生婚外情，导致双方最终离婚的，违反约定的一方将净身出户。"那么应根据《婚姻法》第十九条的规定来处理，即夫妻可以约定婚姻关系存续期间所得的财产，以及婚前财产归各自所有、共同所有或部分各自所有、部分共同所有。《婚姻法》的相关规定，授予了夫妻双方可以自愿约定对共同财产进行处分的权利。《夫妻忠诚协议》约定或承诺关于处分夫妻共同财产的内容，应视为双方依法行使财产处分权利，应当认定为有效。

其次，协议中关于"因一方出轨应当向对方支付违约金、独自生活补偿费、精神损失赔偿费、青春损失费"等的约定，应针对具体情况，依照《婚姻法》相应规定进行处理。《婚姻法》第四十六条规定："有下列情形之一，导致离婚的，无过错方有权请求损害赔偿：重婚的，有配偶者与他人同居的，实施家庭暴力的，虐待、遗弃家庭成员的。"据此，发生婚外情只有达到《婚姻法》第四十六条所规定的程度，双方关于损害赔偿或违约赔偿的约定才能有效。除此之外的其他出轨行为，应当属于道德的调整范围，在相关离婚诉讼的举证中一般被认为无效。

最后，协议中如果有"夫妻双方一生一世，永不离婚，否则承担违约责任、赔偿损失"或者"夫妻一方出轨，双方就必须离婚，且违约方丧失对子女的抚养权、监护权或探望权"这些涉及人身关系的约定，因违反法律强制性规定而无效。

回到本案中，小 A 婚外情的程度已达到《婚姻法》第四十六条所规定的程度，因此小 B 有权要求赔偿，而且小 A 和小 B 的《夫妻忠诚协议》中约定的赔偿精神损失费 30 万元，不违反法律法规的规定，所以法院有可能基于《婚姻法》和意思自治原则给予支持。

总结

当事人在离婚时对《夫妻忠诚协议》的处理应慎重，要具体问题具体分析。司法实践中，有些争议的处理往往不能在法律条文上找到明确的处理和裁判方式，而是最高人民法院出具相关司法解释加以明确后，方才具有普遍执行的效力。《夫妻忠诚协议》体现了当事人对于美好婚姻生活的向往，同时也说明人们对自己在婚姻中的权益有了更深的认识，尝试使用法律武器，以维护自己的合法权益。但无论是婚前还是婚后，夫妻财产协议都是防范风险的更好选择。许多高净值人士在境内和境外都有财产，并且以多种形式存在。无论是房产、存款、股票，生活支出、债务，还是婚姻生活中的柴米油盐与大风大浪都可以通过协议的方式去协调。财产协议不仅能在婚姻出现危机的时候保护你的合法权益，在婚姻中也能起到警醒和约束的作用。

在不同国家离婚，财产分割结果会不同吗

导读

随着中国经济步入"新常态"，国人也开始学习股神思维，不把鸡蛋放在同一个篮子里，着手全球资产配置。然而，由于资产的分布地不尽相同，当婚姻走到尽头，多国家多法律监管形态下的财富分割，就成为一大难题。例如，在美国有《公共财产法》（Public Property Laws）及《公平财产法》（Fair Property Laws）两种法律，前者将资产平均分给离异双方，后者则根据不同因素进行最终判决。但在英国，司法部门显然更有人情味，不仅会偏向于弱势群体，还会全面调查双方的真实资产情况，再进行处理。不同的法律判决，常常会导致夫妻双方最后分得的财产比例悬殊。不是一方格外受益，就是一方格外亏损。那么，离婚地的选择对于离婚财产分割的结果的影响究竟有多大呢？我们接下来将对二者之间的关系，进行深入的探讨。

案例

马来西亚某富翁 J 和马来西亚女士 X，在 5 个国家都有自己

的房子，并且已经一起走过 43 载的风雨。只是，这对在全球拥有多处房产的夫妇的婚姻还是走到了尽头，二人决定离婚。在长达 43 年的婚姻尾声，双方却为了该在哪里离婚而吵翻了天。本该好聚好散，二人却因为无法决定到底是在马来西亚离婚还是在英国离婚，而耗费了两年的时间。

焦点问题

在不同的国家离婚，财产分割结果会有不同吗？

案例分析

英国的离婚财产分配制度确实经历了长时间演变，并且愈发受一些家庭的欢迎。在以前，英国的家庭主妇在离婚时只能分得很少的财产，而 1973 年颁布的《婚姻诉讼法》（Matrimonial Causes Act）更关注婚姻中较弱的一方，规定双方理应各自获得满足"合理需求"的财产。到了 2000 年，英国的离婚财产分配原则更是改成了五五分的原则。这就不难理解，为什么 X 女士更偏向于在英国离婚。如果她在英国离婚，那法院很可能会把 J 一半的财产都分给她。

2015 年，英国最高法院决定重审此前的两起离婚案，因为这两起案件中均存在一方欺骗配偶、隐瞒自己真实财产的情况。英国最高法院为减少离婚案件的数量，将会让隐瞒财产的人付出沉痛的代价。可以说，选择在哪里离婚，值得离婚的人深思。相较其他地方，选择在英国离婚的人更应该注意：在英国，资产弱的一方会得到最高法院的关照，而资产强的一方如果只是通过设立简单的离岸基金会、离岸信托或离岸公司来隐瞒自己的真实资产，那不仅容易被英国法院识破，还会因此付出更大的代价。

由此可见，高净值人士若在英国离婚，资产强的一方会面临更大的财产风险。所以不要以为，将婚后财产放入信托就能隔离风险，与其耍小聪明，不如想想如何避免去英国。而很多婚姻关系破裂中资产较弱的一方，更愿意奔赴伦敦去离婚，难怪英国现在已经获得了"世界离婚之都"的"美名"。

同样是离婚，如果高净值人士选择在中国香港离婚，香港法院会如何判定呢？英国《金融时报》（*Financial Times*）报道，在很多离婚案中，香港终审法院会判决夫妻双方平均分配财产，而判决的理由并不取决于女方是否对家庭财务有直接的贡献。那为何会这样判？这就要提一下 2010 年的一起离婚案的判决，在这场离婚纠纷案的一审中，女方只获得了前夫财产的1/3。一审法院在判决书中写道："对家庭主妇的补偿局限于满足其'合理要求'所需的金额。"这位 47 岁的女性在与前夫结婚后就不再工作，且婚内没有孕育子女。女方认为这样的判决有失公平且具有歧视性，因此提出上诉，而香港终审法院最终驳回了原判，重新判决，女方获得了前夫的一半财产——268 万美元。对此，女方的律师表示："任何对家庭主妇的歧视都应该被消除。"那些离婚者，尤其是创造财富能力高的一方，总是过度强调自己在这段婚姻中有特殊的财务贡献的情况。对此，英国的法官曾给出一个说法，"特殊贡献"这样的词应当被用于形容达·芬奇（Da Vinci）、莫扎特（Mozart）、爱因斯坦（Einstein）那类人，他们才是天才。

目前将中国香港评选为亚洲的离婚之都，一点儿都不过分。

看来，一件件天价离婚案，除了让我们在感叹物是人非的同时，也要注意其中的一些问题。离婚时，就财产的分割而言，中国香港和英国的法官们更倾向于夫妻财产均分，这与我国内地的相关司法实践有区别。有人说，签订了婚前财产协议，就能防止离婚时被多分财产，但中国香港和英国的判决有力地对这一想法进行了反驳，这两地的法院有权决定婚前或婚后财产协议的效力，因此这两地婚前财产协议并非绝对有效。但是在中国内地，《婚姻法》第十九条规定："夫妻可以约定婚姻关系存续期间所得的财产以及婚前财产归各自所有、共同所有或部分各自所有、部分共同所有。"因此，如果在中国内地离婚，夫妻双方对婚姻关系存续期间所得的财产以及婚前财产的约定，应视为双方依法行使财产处分权利，应当认定为有效，对双方具有约束力。

总结

在离婚问题上，我们一定要搞清楚离婚地的相关司法规定，而且在做与婚姻相关的财富规划时，也请多咨询相关专业律师，以免造成不必要的麻烦。如果只做一些简单的安排，往往达不到效果，比如夫妻一方成为信托的委托人、保护人和受益人，并且自己对信托财产进行了控制，在离婚的时候，这些财产就可能面临被分割的风险；而复杂的安排往往又由于对于法律了解的限制，存在很多未被考虑到的问题。

离婚前一方转移财产怎么办

导读

在这个离婚高发的时代，为了保护自己的资产不被分割，很多人都会早早行动，转移自己的资产，比如将自己的资产转移给父母，将资产转移到境外，甚至购买巨额人身保险等。隐藏、转移资产的形式众多，我们如何避免和防范财产被转移？接下来，我们将为大家进行深入的分析。

案例

案例一：一对夫妻闹离婚，妻子王女士有了婚外情，并且把丈夫孙先生平时的积蓄和工资卡上的钱转存于其他银行账户中。由于担心妻子隐藏、转移财产，将使自己无法拿回自己的财产，也为查清财产去向与确切金额，孙先生把妻子告上了法庭，请求法院判决离婚、调查财产、分割夫妻共同财产。

案例二：一对夫妻，双方都是二婚，为了避免重蹈覆辙，对财产进行了约定，比如什么钱算共有财产，什么钱不算。二人约定了很多内容，唯独忘记了保险的问题。就在双方闹离婚期间，妻子在法庭上控告丈夫涉嫌隐藏、转移财产。妻子拿出的证据是，自己买保险用了 20 多万元，但丈夫却花费了 900 多万元，如此悬殊的数据，怎么看都不正常。这在她看来，丈夫明显就是通过买保险来转移财产。因此，她要求法院在分割共同财产的时候，对自己由于丈夫转移财产所遭受的损失进行赔偿，以及少分钱甚至不分钱给丈夫。

焦点问题

问题一：常见的隐藏、转移财产的方式都有哪些？该如何避免和防范财产被转移？

问题二：夫妻在闹离婚时，如果一方购买了大额保单，是否属于隐藏、转移财产的行为？

案例分析

问题一：常见的隐藏、转移财产的方式都有哪些呢？该如何防范财产被转移呢？

首先，我们要了解，最为简单的隐藏、转移财产的方式，就是案例一中王女士运用的方式，将平时积蓄或工资卡上的资金取出，另存于其他银行账户中，从而达到隐藏存款的目的。当然，有人转移自己的钱，希望离婚时可以不被分割；而有人则是转移对方的钱，希望独吞。后一种做法钻了法律的空子，比较难取证。因为《中华人民共和国商业银行法》第二十九条规定："对个人储蓄存款，商业银行有权拒绝任何单位或者个人查询、冻结、扣划，但法律另有规定的除外。"因此，配偶以及律师都无权查询转移者的银行存款，对此，只能通过诉讼方式解决并申请人民法院查询银行存款，不过如果是复杂的离婚案，那么调查进度就会很慢，除非受害方平时多留意并搜集相关证据。

另一种转移、隐藏财产的方式，是将存款取出后，再另存他人名下的银行账户中。这种方式，在很多离婚案中最为常见。具体来说就是，夫妻一方擅自将存款以现金形式取出，将钱存入或汇入他人名下的银行账户中，却称该款已用于日常开支。不过，法院不会轻易采信一大笔钱款短时间内"消耗完"的说法，所以如果当事人不能提供日常开销的相关凭据，是很难得到法院支持的。在法庭辩论的过程中，诉讼请求人可以提出让对方提供日常开销的相关证据，以便进行反驳或抗辩。

上述两种方式都与银行存储的钱有关，那对于房子这样的不动产，也可以隐藏或者转移吗？当然可以，而且方式很多，比如一方在离婚之前就已经在外购置了房产，但另一方毫不知情，等离婚时该房产就不在财产分割之列。另一种隐藏、转移房产的方式是，在婚姻关系存续期间，一方以他人名义购置房产，离婚后再将其过户到自己名下。值得一说的是，后一种方式称得上是非常高超的手段，在高净值人士家庭离婚案中最为常见，但成本较大，要支付交易契税，同时也可能面临一定的风险，比如第三人不配合进行过户，或第三人提前将房产卖出。

面对上述几种情况，该如何避免和防范财产被转移呢？如果你认定自己的婚姻无法继续，而对方又出现反常的行为，一定要查询自己的银行存款和汇款记录，或信用卡刷卡记录。另外，你还应注意对方银行账户以及资金账号的变动情况，收集对方的大额储蓄信息、取款的凭条或信用卡刷卡记录，掌握家庭平时的生活开支及另一方的资金流向情况。除此之外，你要把握并可以证明双方日常开销和置业的出资情况，并留好相关证据，如购买财产的发票或银行汇款记录等。若离婚案件的当事人，认为对方有转移、隐匿财产的行为，可以向法院申请调查取证，但当事人提出此类申请的同时，必须提供相关线索，如要调查对方的银行存取款情况，则必须提供相关开户行和账号，否则法院无法调查。如果还未起诉或已经起诉离婚，一方发现另一方正在转移财产，可以向法院申请财产保全。

另外，《婚姻法》第十七条规定："夫妻对共同所有的财产，有平等的处理权。"如果夫妻一方不是因为共同的日常生活需要，在未经对方许可的情况下擅自处理大额财产，那就侵犯了对方的共有权。如果一方存在故意欺诈、恶意串通等违法行为，另一方有权请求法院确认该行为无效。如果双方在婚前出资购房，一方以各种借口将房产记在自己名下，则很有可能是为了万一离婚时，用以否认共同出资的事实。虽然这样做看起来聪明，但是这种情况非常多，我们只能提醒诸位，如果自己参与贷款买房，最好还是把自己的名字也写上。在侵犯共有财产的行为中，有些是耍心机，有些是比较孩子气的做法，比如一方趁对方不备时，将家里值钱的东西，诸如冰箱、电视等大件消费品转移到他处，或矢口否认有某些共有财产。对于这种做法，如果家里有以前的照片，或者 DV（数字视频）回忆录等，可作为维权的证据。

除此以外，还有隐藏、转移股市资金的方式。这种做法，一般是隐匿炒股信息，不向另一方透露股票代码、资金账号或证券公司，并将股市内的股票抛售后，套取现金，取出后将其转移、隐藏。由于必须在银行开户才能炒股，因此，股票资金的隐藏、转移与银行存款的隐藏、转移有相似之处，但股市信息的查询较银行存款相对宽松，只要凭法院调查令即可到相关证券管理、经营机构查询，并且只要打出资金对账单，便可看出其资金数额和流向。

《婚姻法》第四十七条规定："离婚时，一方隐藏、转移、变卖、毁损夫妻共同财产，或伪造债务企图侵占另一方财产的，分割夫妻共同财产时，对隐藏、转移、变卖、毁损夫妻共同财产或伪造债务的一方，可以少分或不分。离婚后，另一方发现有上述行为的，可以向人民法院提起诉讼，请求再次分割夫妻共同财产。"但最主要的是，诉讼请求人要有明确的相关证据，否则空口无凭就可能要承担不利于自己的结果。

问题二：当夫妻在闹离婚时，一方被发现购买了大额保单，购买者的行为是否属于转移、隐藏财产的行为？

在案例二中，如果妻子要给丈夫扣一顶转移财产的帽子，就要先认清这几个问题：被动用的保费是否是夫妻的共同财产，保险受益人是谁，保费支出是否经夫妻共同同意，投保与离婚之间的时间间隔是否被考虑。法院查明的事实是，夫妻二人起初购买保险时，是双方认同的，而且受益人也都是本人或者对方。可到后来，妻子想给自己的父母投保，丈夫想给和前妻所生的孩子及自己的父母投保，双方在投保问题上一直没能达成共识，却都背着对方给自己的直系血亲进行了投保，直到一方被发现后两人便开始打漫长的离婚官司。面对这种情况，法院给出了一个说法，一般情况下，一方在食物、水电气、衣服、日常用品、医疗、教育等日常生活需要方面的支出，不需要取得对方的同意，但是非日常支出，比如大额保险，则双方必须达成一致，否则在一方不同意下产生的支出，应被视为对夫妻共同财产的侵害，应给予对方一定的补偿。

因此，法院认为双方投保金额虽然差距很大，但性质相同，双方都应该赔偿对方，也就是说，夫妻二人互相侵犯了对方的权益。不过在这个案件中，只有后期引发离婚的部分保单，会牵扯侵害赔偿一说，这部分财产，双方之间都应各半分配，对于其他双方均同意的保单，按照相应的离婚规定来即可。但问题的关键就在于，丈夫到底是否存在私自隐藏、转移资产的问题呢？

《关于人民法院审理离婚案件处理财产分割问题的若干具体意见》规定："一方将夫妻共同财产非法隐藏、转移拒不交出的，或非法变卖、毁损的，分割财产时，对隐藏、转移、变卖、毁损财产的一方，应予以少分或不分。"也就是说，法律制裁的是"非法隐藏""转移拒不交出"，企图侵占另一方财产的行为。因此，不管何时所为，只要案件二中的丈夫有其中的一种行为，在分割共同财产时均应予以少分或不分。对此，法院认为，从双方出示的证据来看，丈夫的行为无法被认定为私自隐藏、转移资产。不过，双方瞒着对方私自购买保单的行为，由于侵害了双方的共同财产，是要互相给予补偿的。

总结

虽然法律规定，一方将夫妻共同财产非法隐藏、转移拒不交出的，或非法变卖、毁损的，分割财产时，对隐藏、转移、变卖、毁损财产的一方，应予以少分或不分，但是我们也要提醒大家，如果夫妻双方到了婚姻无法继续的阶段，而一方又发现对方出现反常的行为，就一定要注意留好相关的证据。比如，我们要将银行账户记录或信用卡刷卡记录保留，对家里一些贵重物品，预先拍照等。另外，如果是双方共同贷款买房，那最好把自己的名字也写上。

离婚时股票如何分割

导读

中登公司的统计年报显示，2017 年仅新增的股票投资者就高达 1 587.26 万人，相较于 2016 年的人数增加了 13.44% 。可见，中国投资股票市场的人越来越多。股票是带有浓重个人投资概念的财产，一旦牵扯到离婚，是否会被作为夫妻共同财产进行分割？如果离婚时股票被视为财产，该如何分割？

案例

案例一：男方许某，在婚前就炒股，手中有价值 80 万元的股票。后来与女方万某结婚后，他也依然非常关注股市，经常根据股市的行情，买进或卖出。两年后，许某账户里的 80 万元股票，已涨到 200 万元。可是在第四年的时候，万某向许某提出了离婚，但在离婚过程中，双方对许某婚前 80 万元的股票，在婚后涨到 200 万元所产生的 120 万元增值归属，争论不休。在争论无果后，两人闹上了法庭。

案例二：《南方都市报》曾报道过一个新闻，[①] 王女士与黄先生于 1987 年 2 月 18 日登记结婚。2006 年，王女士起诉离婚。在财产分割中，法院判决，股票账户中若干股票归王女士所有。黄先生提出上诉，认为股票及家中的电脑、空调、电脑台、股票不属于夫妻共同财产，但该说法遭到法院驳回。王女士称，由于前夫不愿意把股票给自己，自己向法院申请了强制执行，这才得知，在没有经过自己同意的情况下，黄先生把账户中的股票分五笔全部卖出。鉴于此，法院认为："因本案判决分割的股票已被黄先生私自转让，双方无法协商一致，因此对于生效判决的该项内容应当终结执行，由王女士另行起诉解决。"王女士只好再度起诉，要求丈夫执行此前离婚官司中有关股票财产分割的判决。

焦点问题

问题一：一方在婚前购买的股票，在婚后产生的增值或收益，另一方是否有权要求按照夫妻共同财产，对该增值或收益部分进行分割？

问题二：离婚官司中，一方股票账户里的股票，被法院判决为夫妻共同财产，一方应该将一半财产分给对方，但在离婚判决生效后，一方却私自卖出了所有股票，对此，对方该如何得到赔偿？

---

① 朱鹏景. 离婚后丈夫卖股票涨价，妻子起诉要求赔偿［N］. 南方都市报，2018-1-12.

案例分析

问题一：一方在婚前购买的股票，在婚后产生的收益，另一方是否有权按照夫妻共同财产进行分割？

首先，《最高人民法院关于适用〈婚姻法〉若干问题的解释（三）》［以下简称《〈婚姻法〉司法解释（三）》］第五条规定："夫妻一方个人财产在婚后产生的收益，除孳息和自然增值外，应认定为夫妻共同财产。"那么，上述案例一中许某婚前账户里的 80 万元在婚后增值到 200 万元，所产生的 120 万元的收益，算不算是自然增值呢？对此，在判定是否为夫妻共同财产时，我们还要搞清楚什么叫自然增值，而识别自然增值的关键因素，就是看夫妻对该增值所付出的时间、精力和贡献。自然增值主要是自然的结果，并非人为因素造成的。如果这种增值是通过人的积极行为，使财产在原有基础上增长，这种主动增值所产生的收益，宜认定为夫妻共同财产；如果该种增值是毫无人为经营因素造成，是纯天然增长的利益，即被动增值，宜认定为个人财产。

本案中，如果许某的 80 万元股票，是一直放在账户里不动而涨到 200 万元的，那就属于自然增值，算个人资产。但是许某在婚后多次将股票买入再卖出，因此该增值就是经过人为努力、经营而获得的利润，这种情况下，增值出来的 120 万元，就应该被认定为夫妻共同财产。因此，万某应分得 60 万元。

所以，值得大家注意的是，一方在婚前用个人财产购买的股票、基金等，如果在婚姻关系存续期间被进行了交易，其收益应认定为夫妻共同财产；如果没有进行相关买卖操作，在离婚时，其收益更倾向于被认定为自然增值，在这种情况下，也就不会被分割。

问题二：离婚官司中，丈夫股票账户里的股票被法院判决为夫妻共同财产，应该将其中的一半财产分给妻子，但在离婚判决生效后，丈夫却私自卖出了所有股票，另一方该如何得到赔偿？

在案例二中，王女士起诉离婚，对于财产分割，一审法院判决，黄先生股票账户里的股票为夫妻共同财产，股票账户中若干股票归王女士所有，但黄先生提出上诉，认为股票及家中的电脑、空调、电脑台、股票不属于夫妻共同财产，都是他个人的资产，但该上诉请求被二审法院驳回。由于黄先生不愿意把股票给王女士，便在没有经过王女士同意的情况下，将账户中的股票分五笔全部卖出。王女士只好再度起诉，要求黄先生执行此前离婚官司中有关股票财产分割的判决。王女士认为，黄先生卖出股票获取现金，不仅损害了自己所持股票在当时的股权价值，也损害了自己基于其股东地位本应享有的其他权益，尤其是股利分配请求权。另外，与其他财产权不同的是，股票所代表的股权价值会随着公司经营状况、市场行情等因素的变化而增长或降低。鉴于执行法院于 2016 年 1 月 6 日发出执行裁定书，王女士认为，应当以该日期作为赔偿损失的基准日。如果该股票经过复权，按复权后的股价来计算的话，由于股价上涨，截至 2016 年 1 月 6 日，应以该日自己持有股票的价值来算赔偿数额。

法院经过调查后认为，黄先生名下股票账户中的部分股票，自离婚判决发生法律效力时归王女士所有，王女士对分到的股票依法享有占有、使用、获得收益和处分的权利。黄先生在判决生效后，卖出了其股票账户内的全部股票，实际处分了已判决归王女士所有的部分股票，侵犯了王女士的财产所有权，对王女士的财产造成损失。故法院认定黄先生还应向王女士赔偿卖出相关股票的价款和利息损失。对于王女士提出的应该计算股价上涨的问题，法院认为，应当以侵害行为发生时，即黄先生卖出股票时的平均交易单价计算损失。法院认为，股票所代表的股权价值，会随着公司的经营状况、市场行情等因素的变化而增加或降低，具有相当的不确定性、不可预见性，且股票价值的实际实现也与投资者的投资习惯密切相关。而王女士未能充分举证证明其交易习惯，也未能证明如果依其交易习惯，必然获得的涉案股票在被黄先生擅自出卖后的升值部分和相应股利。

总结

　　一方在婚前用个人财产购买的股票，在婚后产生的收益是否算作夫妻共同财产的问题，要看该收益是否构成《婚姻法》里的自然增值，而认定自然增值的关键因素是看夫妻对产生的收益所付出的时间、精力和贡献。像案例一中的许某，婚前购买的股票，因其在婚后经过努力、经营而获得利润，那么那部分利润应认定为夫妻共同财产。

　　案例二中，法院已经宣判一方的股票为夫妻共同财产，判决生效后，一方私自卖出对方股票，对此，对方该如何获得赔偿？我们提醒大家，一定要保留相关的证据，比如相关方交易习惯的证据、买进卖出的交割单，以及擅自卖出后的升值部分和相应股利的证据。根据不同的细节，判决的结果也会不同，否则法院在计算损失的问题上，会因为股票具有相当的不确定性和不可预见性，而按照实际卖出股票时的平均交易单价进行计算。

离婚时房产如何分割

导读

《武林外传》里的一句台词是："你的就是我的，我的还是我的。"把它放在婚姻生活里，在一些情况下会很贴切。婚姻生活之初，彼此都是不分你我，共同创造，共同付出。可是，当婚姻走到尽头时，双方又什么都想分割清楚，似乎要把东西都放在天平上，唯有两边平衡，才能让纷争停息。但是，在婚姻中，有哪些可以算作夫妻共同财产，能够被分割？哪些算是个人财产，不能被分割呢？下面要分析的案例，是和房产有关的，包括房子本身和由房子衍生出来的资产——房租，房租问题是很多离婚家庭都会涉及的财产纠纷。

案例

案例一：张女士是个女强人，结婚前，就凭着自己的能力在北京全款买下了一套价值 500 万元的房子。后来遇到了丈夫李先生，张女士便在结婚后搬到李先生的家。两个人觉得将之前张女士的房子租出去比较合适，于是，李先生负责在网上发帖、带人看房，张女士则负责起草合同。两人一起与承租人商谈租金，最终以每个月 7 000 元的价格将房子租了出去。可是，两人在结婚后的第五个年头，因为感情不和而离婚了。其他财产的协调都很顺利，但是当涉及张女士房子的租金，两人就谈不拢了。在婚姻存续期间，他们共收房租 40 万元，李先生认为，这笔钱应当是夫妻共同财产，因此要求分割一半，自己应分得 20 万元。但是张女士却认为，这房子本来就是自己的，是个人财产，即便是在婚后所产生的孳息，也应当是个人财产，所以不能分割。双方对该租金是否属于夫妻共同财产争论不休，最后闹上了法庭。

案例二：王某和赵某是一对结婚 5 年的夫妻。2010 年两人结婚的时候，王某的父母决定在两人婚后资助双方买一套商品房，首付 50 万元并将产权登记在王某名下。一切办妥后，两人共同贷款 60 万元，支付剩下的费用。5 年后，也就是 2015 年，二人因为种种原因决定离婚。当时房子已经升值到 250 万元，赵某要求对房产公平分割，但是王某不同意。王某认为首付是他父母出的，产权登记在他自己的名下，并不想与对方平分。这样，双方对于该房屋是否属于夫妻共同财产发生了争议，并诉至法院。

焦点问题

离婚时，夫妻双方的房产分割会面临哪些问题？

案例分析

问题一：个人在婚前购置的房产在婚后产生了租金，离婚时该怎么分这份收入呢？

先来看看案例一，面对张女士和李先生这种情况，想必很多人都会想到《〈婚姻法〉司法解释（三）》第五条的规定："夫妻一方个人财产在婚后产生的收益，除孳息和自然增值外，应认定为夫妻共同财产。"也就是说，如果单看这一条规定的话，李先生不能得到租金中的 20 万元。但是也有人说，是否算是孳息，要看夫妻对产生的收益所付出的时间、精力和贡献。孳息是客观上必然会出现的结果，并非人为因素造成的。比如，果树结果是自然规律。但是，如果夫妻一方婚前投资、经营一片果林，婚后经双方共同栽培、耕作而获得收成，那么此时的果实显然不是自然孳息，而是《婚姻法》第十七条中规定的"生产、经营的收益"。因此，在分割财产的时候，双方要注意导致孳息产生的，到底是人为因素还是自然因素。

如果这 40 万元是房产本身的自然增值，并没有因为李先生的付出和努力，就像果树本该结果一样，未受人为因素影响，就和房子本身一样，为个人财产。但是这 40 万元孳息，有夫妻为之共同付出的时间、精力和贡献，就像婚后经双方共同耕作、栽培而获得的水果，明显不是孳息，而是《婚姻法》中提到的"生产、经营的收益"，应算是夫妻共同财产。本案中，李先生负责在网上发帖子、带人看房，张女士负责起草合同，两人还一起与承租人谈租金，这显然是夫妻二人在共同为租房一事努力。因此，李先生理当分得一半租金，即 20 万元。

这一案例，会在很大程度上考验法官的法律智慧：究竟是按照《〈婚姻法〉司法解释（三）》的规定，基于房租为孳息，而判定房租为一方的个人资产，还是按照共同财产的法律精神，基于房租为夫妻共同付出时间、精力的所得，而判定为夫妻共同财产呢？我们认为，如果夫妻另一方对孳息的取得有密不可分的贡献，该房租为夫妻共同财产。①

问题二：一方父母在子女婚后出首付购买房产，并将产权登记在出资人子女名下，此后由夫妻双方共同还房贷，如果两人离婚该怎么分房产？

案例二中王某和赵某的情况，我们应该从哪里入手分析呢？《〈婚姻法〉司法解释（三）》规定："婚后由一方父母出资为子女购买的不动产，产权登记在出资人子女名下的，可按照《婚姻法》第十八条第三款的规定，视为只对自己子女一方的赠与，该不动产应认定为夫妻一方的个人财产。"但在实践中，法院将"出资"的解释为"全额出资"。本案中，王某的父母并非全额出资，王某和赵某还有 60 万元的共同房贷。不过，只要可以确定是王某的父母出了 50 万元的首付，并且产权登记的是王某的名字，那很大程度上可以将这 50 万元的首付，视为王某父母对王某的赠与。也就是说，其中价值 50 万元的房产及其对应的增值，应当认定为王某一方所有。而当时双方共同还贷的 60 万元的部分及其对应的增值，才是夫妻共同所有、需要被分割的部分。

---

① 《〈婚姻法〉司法解释（三）》第五条的规定在征求意见稿中的表述为："夫妻一方个人财产在婚后产生的孳息或增值收益，应认定为一方的个人财产；但另一方对孳息或增值收益有贡献的，可以认定为夫妻共同财产。"最高人民法院法官吴晓芳在《〈婚姻法〉司法解释（三）适用中的疑难问题探析》中写道："我们认为，《〈婚姻法〉司法解释（三）》第五条的'孳息'一词应作限缩解释，专指投资性、非经营性的收益。虽然房屋租金在民法理论上属于家庭孳息，但考虑到租金与银行存款不同，需要投入一定的管理或劳务，故将租金认定为经营性收益比较适宜。《〈婚姻法〉司法解释（三）》实际上将夫妻一方个人财产在婚姻关系存续期间的增值，按照主观能动性行为或客观被动性行为的划分标准，强调客观被动性的自然增值属于一方的个人财产。"

而且，在分割的时候，法院也有可能会根据夫妻各自对该房屋的贡献大小，来分配分割比例。值得注意的是，有的家庭可能是夫妻一方的父母出资付首付，然后将产权登记在夫妻双方的名下，这种情况下的处理方式又不一样了。

总结

在婚姻中，分辨哪些是个人财产、哪些是夫妻共同财产非常重要，否则万一离婚，双方可能因争执不下而闹上法庭。有的家长为避免自己的子女日后因为房子的问题而面临法律纠纷，会为孩子全款买房，并赠与子女。当然，夫妻双方可以运用婚前或者婚后财产协议避免房产纠纷，这样可以避免不必要的官司，保障自己的利益。

上市公司高管离婚对公司有什么影响

导读

俗话说，爱情无价，婚姻成本高。尤其是在离婚的时候，很多高净值人士都不得不考虑一个严肃的问题，该用多少钱来"打发"破裂的婚姻。

2017年上了热搜的5位企业家扎堆离婚的消息给我们的提示是，想要"打发"破裂的婚姻，至少要拿出数十亿元的"分手费"才算有诚意。

这些屡屡刷新纪录的天价离婚，很多时候都不再是一个人或者一个家庭的事情，而是会对一家公司的股权结构产生极大影响，甚至会左右一家公司的命运。

那么上市公司高管的婚姻问题，为何会影响企业发展前途呢？我们将对此进行深入的分析。

案例

案例一：2016年，北京某互联网上市A公司实际控制人、董事长周先生与妻子李女士离婚，并达成股份分割协议。公司公告显示，周先生将其直接持有的上市公司 2.07 亿股股份，分割过户至李女士名下。此外，周先生将其持有的 B 公司的实缴资本 94.64 万元，分割过户至李女士名下，而 B 公司间接持有上市 A 公司 2 亿股股份，因此，李女士通过分割 B 公司的实缴资本，又间接获得 A 公司的 7 054 万股股份，这些股份自过户之日起即归李女士所有。合并计算，此次离婚，李女士从周先生手中拿走 A 公司约 2.78 亿股股份，以 A 公司当时 26 元左右的股价计算，李女士所持股份的价值逾 72 亿元。

案例二：2010 年，网络科技 C 公司经过多年酝酿准备赴美上市，但实际控制人王先生前妻杨女士半路拦截，要求分割 C 公司 38% 的股权，这导致上市进程一拖再拖，而离婚纷争直到王先生向杨女士付出 700 万美元的现金补偿才停息。离婚诉讼持续了一整年，直到 2011 年 C 公司才首次公开募股（IPO），却生不逢时，遇上美国资本市场的冰河期，上市首日就下跌 12%，市值还不到 8 个月前老对手网络科技 D 公司赴美上市时的一半。不到一年，C 公司就被 D 公司吞并。

焦点问题

高管离婚对上市公司或拟上市公司会带来怎样的冲击？如何规避这种冲击？

案例分析

从上述两个案例中可见，"分手费"屡屡刷新纪录。普普通通的离婚证，因动辄上亿元的"分手费"而多了几分神秘色彩。纵观2017年上半年，有关大企业家离婚的消息，就不下五条。企业家在面对婚姻失败时，甚至将融资的概念运用到了离婚上，考虑到底该用多少钱"打发"自己的婚姻，这样的例子并不在少数。云南某A股上市医药公司的控股股东离婚后，夫妻俩分别持有公司17 568万股、9 564.8万股股票，按照每股21元的市值计算，夫妻二人分获约37亿元和20亿元。而另一个与北京某工程机械上市公司高级副总裁袁先生离婚的王女士，凭借离婚后从前夫那里获得的上市公司股份，以22亿元的身价，一度成为某500富人榜中的女富豪。

这样的离婚，不但会产生巨额的"分手费"，也会引发市场的剧烈波动，有时候就不再是一个人或者一个家庭的事情了。要知道，仅被分割的股权，就会对一家公司的股权结构产生极大的影响，甚至会左右一家公司的命运。高管离婚的更大影响在于，上市公司或拟上市公司未来的发展方向和控股权，甚至会因为婚姻关系的变化而变化。上市公司或拟上市公司股东的婚姻有不可预测性，一旦离婚，可能会经历一个漫长的过程，目前最长的离婚诉讼长达五年，这对于上市或拟上市公司的影响很大。案例二中的C公司就是一个典型的例子，C公司因一场离婚而错失机会，不仅让上市之梦暂时搁浅，也改变了股权结构，进而在公司未来的发展上埋下了隐患。可以说，看着这些处于上升期的大企业就这么垮了，除了扼腕叹息，我们更要重视婚姻关系的不稳定对企业的影响。

所以说，不管是在一家合伙企业还是在一家股份公司中，企业家都应该谨慎地审视自己的婚姻。如果你真的认为，不稳定因素太多，那么要想避免或降低离婚对上市公司的影响，我们提醒并建议：第一，谨慎开始你的婚姻，因为它有可能成为你成就伟大公司的"天使"，也可能成为"杀死"企业的凶手；第二，妥善分配你与伴侣在创业期间的角色，无论共同创业，还是一方单独创业，双方应对各自承担的角色和企业股权结构达成一致，可以签订婚前财产协议和婚后财产协议。未离婚的上市公司股东，可针对属于夫妻共同财产的上市公司股权，进行夫妻婚内共同财产的约定；第三，精心安排公司股权结构，如果是国际化企业，想通过离岸控股公司在国外上市的话，也可以充分运用离岸信托，来持有控股公司股权，进而避免因为大股东离婚，影响上市进程；第四，实在不得已，走到离婚这一步时，不要产生侥幸心理，应该主动找对方沟通，甚至预先为对方着想，并且妥善解决财产分割，以免对方恼怒做出更激烈的举动，这种大度和让步不仅不会让你的公司经营受到影响，反而能达到某种平衡。婚姻关系的不稳定，对上市公司股东而言，不仅是私人事件，还是与万千公众投资者、风险投资者的利益相关的事件。

总结

　　不论是感情还是事业，都需要用心经营，提前做好规划，比如签订婚前或婚内财产协议，或在婚后，为了规避风险，合法地转移财产、转让股份，也可以运用家族信托，持有控股公司的股权。就算感情这条路最终以失败告终，但面对事业的理智不会让你一无所有。当然，对于家族企业来说，这些问题需要注意："公司的钱和自己的钱分不清楚""家里人的钱互相分不清楚""股权结构暧昧"等。

如何争取子女抚养权

导读

离婚案件中，除财产分割以外，子女抚养权往往成为双方争议的焦点。随着计划生育政策多年的实施、养育子女成本的提高、经济的发展及人们思想观念的改变，婚后只有一个孩子的家庭越来越多。因此，大多数夫妻离婚时，都会面临子女抚养权的归属问题。离婚时，双方如果均主张要子女抚养权，该如何取得呢？

案例

案例一：何先生与孟女士于 2015 年 8 月结婚，均系初婚，2016 年 10 月生育一子小何。双方婚前感情基础尚可，婚后随着婚生子的出生，矛盾频发。2017 年 9 月，孟女士以感情破裂为由诉至人民法院，提出离婚并要求儿子小何由其抚养。

案例二：张先生与王女士于 2008 年 5 月结婚，张先生为再婚，王女士为初婚，二人于 2011 年 8 月生育一女小张。因张先生与前妻育有一子，所以张先生经常前往前妻处看望儿子，且与前妻存在金钱往来，这致使张先生与王女士双方关系紧张，矛盾逐渐加深。2014 年 10 月双方分居。2016 年 2 月，王女士诉至人民法院，提出离婚并要求女儿小张由其抚养。

案例三：钱先生与薛女士于 1999 年 10 月结婚，均系初婚，2004 年 3 月生育一女小钱。双方婚前感情尚可，婚后由于薛女士需要长期出差到国外，双方聚少离多，导致感情问题，关系无法修复。2016 年 6 月，钱先生诉至人民法院，提出离婚并要求女儿小钱由其抚养。

焦点问题

离婚时，双方如果均主张要子女抚养权，如何获得这一权利？

案例分析

争取子女抚养权的问题，要考虑子女的年龄，因为针对不同年龄阶段的子女，法院考虑的因素是不同的。

《最高人民法院关于人民法院审理离婚案件处理子女抚养问题的若干具体意见》（以下简称《意见》）第一条规定："两周岁以下的子女，一般随母方生活。母方有下列情形之一的，可随父方生活：患有久治不愈的传染性疾病或其他严重疾病，子女不宜与其共同生活的；有抚养条件不尽抚养义务，而父方要求子女随其生活的；因其他原因，子女确无法随母方生活的。"在案例一中，何先生与孟女士的儿子小何还没有超过两岁，在这种情况下，夫妻要离婚，法院首先要考虑，此时小何还未脱离母乳，因此有很大概率会将抚养权判给女方。所以，在这样的情况下，男方要想得到子女的抚养权，就必须举证证明女方存在不适合抚养子女的因素。比如患有久治不愈的传染性疾病或其他严重疾病，有抚养条件不尽抚养义务等。但是，上述情况毕竟很少出现，而且即便有那样的情况，法院也会综合考虑，所以，若是男方想在离婚时取得抚养权，可在子女满两周岁后再提起离婚诉讼，否则很难得到抚养权。

那么，孩子在两岁到十岁之间，有基本的认知能力的情况下，法院又会怎么判决抚养权呢？

案例二中，即便张先生与王女士的女儿已年满三周岁，但法院考虑的大前提，依然是父母本身的情况。《意见》第三条规定："对两周岁以上未成年的子女，父方和母方均要求随其生活，一方有下列情形之一的，可予优先考虑：已做绝育手术或因其他原因丧失生育能力的；子女随其生活时间较长，改变生活环境对子女健康成长明显不利的；无其他子女，而另一方有其他子女的；子女随其生活，对子女成长有利，而另一方患有久治不愈的传染性疾病或其他严重疾病，或者有其他不利于子女身心健康的情形，不宜与子女共同生活的。"法院考虑到张先生此前已有一子，王女士只有女儿小张一个子女，且女儿小张从小由王女士的父母带在身边予以照顾，加之自双方分居后，小张一直与王女士及其父母共同居住，因此，法院判决小张随王女士共同生活的概率就比较大。

不过，像一方做过绝育手术、丧失生育能力，一方无子女、另一方有其他子女，一方患有传染病等这些情况都比较特殊，即便出现，也比较好判决。大部分时候，双方并不存在这些特殊情况，所以最重要的，还是从子女本身利益角度出发，看到底哪一方能够为子女提供稳定、健康的生活环境。另外，如果夫妻一方的爸妈，也就是外公外婆、爷爷奶奶，之前一直帮助一方照看子女，并且也有能力继续照看子女的话，这个因素在最终判决时会作为优先条件予以考虑。

可如果子女已年满十周岁及以上，比如案例三，钱先生起诉离婚时，女儿小钱已经十二岁了，法院又会怎么判抚养权呢？

《意见》第五条规定："父母双方对十周岁以上的未成年子女随父或随母生活发生争执的，应考虑该子女的意见。"此时，法院处理此案的抚养权问题就要参考子女本身的意见了。虽然子女的意见不会成为考量的唯一因素，但对抚养权的判决结果仍有很大影响。在实践中，由于新《民法总则》的实施，以及八周岁的孩子已就读小学，即具备一定的行为能力，因此，对六至十岁的孩子，有些法官也会向其询问意见，以作为判决时的参考。

总结

子女抚养权的问题，在离婚时是异常棘手的。因为子女此后无论与哪一方共同生活，都会导致另一方不能经常陪伴左右，而且若处理不好，还会产生后续的变更抚养权、探望权、抚养费等纠纷，使双方及孩子都不能舒心地生活。因此，无论哪一方取得子女抚养权，都建议双方从子女本身角度考虑，这样才能对孩子的健康成长最有利。我们希望有矛盾的夫妻，可以理性地处理各方关系，不要因夫妻双方之间的问题，导致子女情感缺失。

第二章 | 保险二三事

如何配置家庭保险①

导读

　　我们一生都离不开家庭，而且随着经济的不断发展，如何配置家庭资产会成为重中之重的话题。可是一谈到资产配置方式之一的保险，那么很多人就非常反感，他们大多认为一生购买一份保险就足够，而且很多保险公司的噱头也是如此。然而家庭可并非配置一份保险就能满足所有需求，不仅要注意险种的选择，性价比、缴费期限、收益、功能都需要一一对比。如果你挑选了一份并不适合自己乃至家庭的保险，那么很可能在重大事故面前，它只是一张废纸而已。为此，我们就"如何配置家庭保险"的问题为大家进行深入的分析。

案例

　　案例一：王先生生于1973年，2010年10月申请购买重大疾

---

① 本文整理自曾祥霞2017年8月18日和9月2日在《王昊说财富》节目中的案例分析。

病保险。因之前有胃溃疡病史，如实告知后，保险公司要求进行核保体检，所投保的三家公司中，A公司正常承保、B公司加费承保，C公司拒保。承保公司签发的保单在当年10月底生效，等待期为90天，保额为40万元，保费为每年1.6万元，投保人需交20年。有些人会说1.6万元交20年，一共交32万元，却只保40万元，这不划算。对此，我们虽然可以计算所谓的收益率，但永远算不出风险发生的时点。2011年2月，王先生因腹部痛再次到医院检查，确诊为十二指肠癌，符合重大疾病保险的赔付条件，最终获赔40万元保险金，此时他仅缴纳了一年的保费，用1.6万元撬动了40万元的资金。

案例二：北京的杨先生，36岁，互联网公司产品经理，经常出差，年收入50万元，在行业内打拼多年，计划明年离开公司自己创业。杨太太，33岁，银行员工，年收入20万元。他们的女儿5岁。5年前，他们购自住房1套，房贷20年期，余额总计35万元，每月月供2 700元。两个人均有社会保险和单位补充医疗保险，购买的家庭商业保险每年交4 000元，主要为孩子的重大疾病保险。家里有一台30万元左右的中档轿车，金融资产有100万元，其中40万元套在股市，50万元购买了银行理财产品，10万元为现金。

焦点问题

现在很多家庭在购买保险时会有很多疑问，比如在众多的保险产品中，如何配置自己的保险；购买保险的时候有哪些误区；人寿保险在家庭资产配置中究竟有什么作用。

案例分析

问题一：人寿保险在家庭资产配置中究竟有什么作用呢？

我们对家庭资产进行排兵布阵，类似于安排足球队阵型，会有前锋、后卫、前卫、中锋、守门员等。但不管是"4—3—3""3—5—2"还是"2—3—3—2""4—4—2"的阵型，可以没有中锋、后卫、前卫，但一定不能没有守门员，即使守门员被罚下并且没有可替换的，也会从其他球员中选出一位担任守门员。保险就像球队里的守门员，没有购买保险的家庭，就像没有守门员的球队，当风险来临的时候，非常容易形成财务黑洞，从而对家庭财富造成致命的伤害。

我们经常听到的寿险、重大疾病保险这类保障型险种，在投保人面临较为严重的人身风险时，它们可以发挥杠杆的功能，确保这部分资金及时到位，并且对人力资本进行补偿，而不至于因为短时间内的大资金需求引发流动性风险，影响到其他资金的安排，从而使家庭的财务架构更为稳健。就像上述案例一中的王先生，仅仅缴纳了一年的保费，用1.6万元撬动了40万元的资金，这就是保险的杠杆作用。

对于"活得太长"的风险，保险公司有专门保"生"和"老"的保险。这类保险就是年金保险，它最大的功能在于，可以创造一笔与生命等长的专项现金流，也就是我们常说的"被动收入"，当被动收入大于我们的支出的时候，也就是我们常说的"财务自由"。因此，我们说，保险并不是要改变我们的生活，而是要确保我们的生活在遭遇不同风险的时候，不会偏离正轨。

问题二：家庭保险规划中存在哪些最常见的误区？

第一个常见误区是重收益轻保障。

客户经常问我们关于保险产品收益率的问题，借此机会，我们也想跟大家探讨一下，保险卖的究竟是什么。我们还是以案例一为例，或许你会认为我所举的例子极端，但那正是风险的一个最显著特征，即最大的风险就是你永远不会知道什么时候会有风险，就像你永远无法预测"黑天鹅"事件的发生一样。作为家庭理财中不可或缺的基础环节，保险最基本的功能就是转嫁风险，即将个体的风险转嫁给保险公司，通过适当的财务安排，当风险发生时，可以获得损失的赔付或者收入的补偿。保险卖的是保障，是人的生命价值；是一种立于不败的机会，而绝非收益。

第二个常见误区是重孩子轻大人。

从孩子来到这个世界上的那一刻起，家长就想给孩子最好的成长环境，优先为孩子投保、准备教育金。而作为家庭顶梁柱的大人，却往往被忽略，殊不知父母才应该是首要被保障的对象。子女成长中可能面临的风险直接取决于父母面临的风险，只有家庭支柱获得足够的保障，子女的风险才可能降到最低。因此，"先保大人再保孩子"才是保险规划正确的打开方式。案例二中，杨先生一家的人身保障显然是不充足的，尤其是两位家长。

问题三：家庭应该如何配置保险？

保险实务中，每个家庭的家庭结构、财务目标、财务状况不一样，风险属性及风险偏好也不尽相同，因此在进行保险规划的时候也不能千篇一律，建议根据家庭实际情况量身定制适合自己的保险计划。如何选购保险，可以参考以下步骤：

第一，理清自己的财务目标。我们对未来的设想，例如孩子教育金如何准备，未来想什么时候退休，退休之后想过什么品质的生活，在此过程中需要防范什么样的风险，都可以通过科学的测算获取一个合理数值。当然，"小目标"的设立需要做可行性分析，而 SMART 原则①是一个比较好的分析依据。

第二，了解当前的财务状况。我们每年都会做体检，那我们给自己的家庭财务做过"体检"吗？事实上，家庭财务也需要进行定期检查。通过家庭资产负债表、收支储蓄表，我们是可以发现家庭财务状况所存在的问题的。例如各项财务指标是否健康合理，家庭偿债能力、赢利能力、财务自由度是否存在提高的空间，都可以进行评估。现在也有比较成熟的理财软件，将相关数据输入便可以得出财务报告。

第三，家庭生命周期不同，理财要务不一样，资产配置重点也有所差别。家庭生命周期一般分为家庭形成期、家庭成长期、家庭成熟期和家庭衰老期。如案例二中，杨先生就处于家庭成长期，这一阶段最为典型的特征就是"上有老下有小"。家庭支出固定、教育负担呈上升趋势、保险需求处于高峰、有房贷负担。家庭责任重大，家庭经济支柱必须得到充足的保障。

根据以上分析，我们知道了保险购买的大致方向，并可以从以下五个要点来进行考虑：

- 保什么：重疾险、医疗险、意外险、寿险、教育金、养老金等不同类型产品如何挑选；

---

① SMART 原则：目标必须是具体的（Specific）、可以衡量的（Measurable）、可以达到的（Attainable），具有相关性（Relevant）和明确的截止期限（Time-based）的。

- 保障谁：谁作为被保险人；
- 保多久：这主要是保险期的问题，是保终身还是保定期，或者两者兼顾；
- 保多少：风险保额是多少，如何测算；
- 交多少钱：即保费的预算。

可以说，这五个问题想清楚了，量身定制的保险方案也就出来了。

总结

看来，在配置家庭保险的时候，我们一定要具体问题具体分析，不要片面地看待保险而走进误区，避免为自己或家庭在日后带来不必要的麻烦。最后我们提醒大家的是，因为每个家庭财务状况、财务目标不一样，风险属性及风险喜好也不尽相同，因此，在做保险规划的时候不能千篇一律。我们建议根据家庭实际情况，量身定制适合自己的保险计划，理清自己的财务目标并了解当前的财务状况。另外，不同家庭生命周期的理财要务不一样，资产配置重点也有所差别。所以，保险规划是一个动态的过程，建议每年对家庭财务状况进行年检，根据变动情况进行相应的调整。作为风险管理最科学有效的工具之一，保险的重要性越来越被人们认可。在此，我们衷心希望每一位家庭成员都能拥有充足的保障，从容面对人生。

保险返佣合法吗

导读

买保险，明明最应该看重的是保障，可是现如今很多人更看重的是返佣，消费者会不断比较哪家公司的保险更便宜，哪家代理人给的回扣更多。在保险行业，客户主动要求返佣的案例也越来越多，返佣甚至成为保险代理人之间的一大营销竞争手段。然而这种以返还佣金的方式获得的客户，当真不会影响后续的理赔吗？这种方式合法吗？它是行业中的潜规则吗？

案例

案例一：香港某外资银行前雇员程某，于 2012 年转介一客户给保险经纪人黎某，事后程某向黎某索要 50 万港币作为报酬。2016 年，事件遭揭发，程某被裁定为收受利益罪，于不久前经香港法庭宣判，获刑 18 个月，并退还非法所得 50 万港币，该保险经纪人亦因诈骗罪被判入狱 8 个月。

案例二：2009 年，我国内地的王女士赴港准备为其丈夫购买香港重大疾病保险。在投保前，王女士向保险代理人提出返佣条件，而代理人也同意了王女士的要求。可是，在 2012 年 11 月，王女士突然接到香港保险公司的通知，其 3 年前的保单被中国香港保险业监理处宣告作废。事后王女士了解到，原来当时与其签单的港险代理人在 2012 年 6 月遭到举报，因屡次向投保人返佣，已被吊销执照。该代理人的其他三名客户的保单也均遭作废处理。

焦点问题

中国内地和香港，对保险代理人返佣的问题是怎么处理的？

案件分析

所谓保险返佣，是指保险代理人将自己所得的一部分佣金返还给投保人。保险代理人返佣的出发点不一，有的是为了拉拢投保人，有的是急于完成业绩。不管出于什么目的，给客户返佣是一件很危险的事。发达国家的保险行业，其实非常注重保险代理人与客户之间的问题。有数据显示，在英、美、日等国有 80% 以上的保险业务是通过保险代理人和经纪人招揽的。这也就意味着，保险代理人是开拓、发展保险业务的重要一环，所以必须要被重视，要被规划在法律管理的范围内。

中国香港的法律规定，保险返佣分为两种情况：一种是贿赂行为，即保险从业人员主动提出返佣，希望以此留住客户，促成客户购买保险；另一种是索贿行为，即保险购买方或者中介方主动提出索要返佣，返佣形式不局限于佣金。如果保险代理人，因上述任何一种情况被举报，香港保险业联会就会先出马，对代理人进行处罚，让其暂停执业 1～3 年，情节非常严重的，将面临终身被取消从业资格的处罚。而如果客户索取或者接受返佣，虽然香港保险业联会不会对客户进行处罚，但是廉政公署会出动。也就是说，根据相关规定，不管是利益的提供者还是收取者，都是有罪的。

我国的法律，对此有明确规定。我国《中华人民共和国保险法》（以下简称《保险法》）第一百一十六条第四款规定："保险公司及其工作人员在保险业务活动中不得给予或者承诺给予投保人、被保险人、受益人保险合同约定以外的保险费回扣或者其他利益。"第一百三十条规定："保险佣金只限于向保险代理人、保险经纪人支付，不得向其他人支付。"第一百三十一条第四款和第五款规定："保险代理人、保险经纪人及其从业人员在办理保险业务活动中不得给予或者承诺给予投保人、被保险人或者受益人保险合同约定以外的利益；不得利用行政权力、职务或者职业便利以及其他不正当手段强迫、引诱或者限制投保人订立保险合同。"为了招揽业务，不少营销人员会把本应自己获得的收入拿出一部分返还给投保人，这已经成为业界潜规则。此项规定目的是限制、打击保险业营销人员"返佣""揽客"的不正之风。

不过，我国保险业发展相对滞后，虽然相关法律完善，但是很多代理人都会为了完成公司规定的业绩指标，而依靠返还佣金拉拢消费者。可以说，我国目前的保险行业存在诸多消费隐患。

另外，如果大量佣金被返还给客户，那么保险代理人的实际收入必定远低于其他代理人。而保险客户享受的绝大部分售后服务，其成本实际上都是由保险代理人个人支付的。这样，返佣的代理人在售后服务上受经济因素影响，其售后服务品质必定大打折扣。客户在获得返佣的同时，代理人也放弃了售后服务，最终受损害的是客户自己。

总结

保险代理人一定要遵守法律法规与行业准则，这不仅是对自己负责，也是对客户与自己的职业本身负责。毕竟，不管是主动还是被动返佣，都破坏了保险本身的原则，而构成了欺诈。如果保险代理人为了完成业绩，通过返佣去向客户介绍并不适用的产品，那么客户得不到很好的保障和体验，关键时刻无法抵御风险，会造成巨大的损失。这对整个保险市场来说，都将是致命的打击。客户也要提高警惕，不要为了贪图返还的钱财，而购买不适合自己的产品，否则既得不偿失，也有可能因为涉嫌受贿而深陷图圄。

抑郁症患者会被拒保吗

导读

随着现代生活压力的不断增加，各种重大疾病的发病率仍在不断上涨，而在现代疾病中，抑郁症成为和癌症一样可怕的疾病之一。因此，很多人都乐于购买一份保险，来为自己增加一份经济的保障。只是抑郁症不同于其他疾病，它是一种精神层面的"崩溃"，抑郁症患者显现出的精神性症状，造成的后果很大程度上违反了保险法规中的很多条款。但人人都希望得到保障、做好资产规划，而抑郁症也并非不可治愈的，那么如果抑郁症患者想要购买一份保险，保险公司会拒保吗？我们将为大家举例进行详细阐述。

案例

2003 年 2 月 10 日，王某的丈夫何某，在某大型保险公司购买了一份重大疾病保险和身故保险。次日，何某缴纳保险费 1 910 元，保额 10 万元。当时，双方签订的保险合同中的责任免除条款规定："被保险人在本合同生效或复效之日起两年内自杀，本公司不负给付保险金责任。"同年 8 月 12 日，何某因"话少、呆站、焦愁 20 天"，被家人送到医院治疗。医生临床诊断，何某长期患有抑郁症。8 月 29 日，护士查房时发现何某在厕所里自杀身亡。随后，死亡诊断为何某因抑郁症自杀。

焦点问题

何某购买了身故保险，在其被诊断为因抑郁症而自杀身亡后，何某的妻子王某向保险公司申请理赔，保险公司会赔偿吗？

案例分析

对于因抑郁症自杀，保险公司是否应当赔偿的问题，《保险法》是有"保单生效两年内的自杀免责条款"的明确规定的。《保险法》第四十四条规定："以被保险人死亡为给付保险金条件的合同，自合同成立或者合同效力恢复之日起两年内，被保险人自杀的，保险人不承担给付保险金的责任，但被保险人自杀时为无民事行为能力人的除外。保险人依照前款规定不承担给付保险金责任的，应当按照合同约定退还保险单的现金价值。"也就是说，以死亡为给付保险金条件的合同，若被保险人在保单生效后两年内自杀，保险公司是免责的，也就是不予赔偿的，但对投保人已支付的保险费，保险人应按照保险单退还其现金价值。若被保险人在保单生效两年后自杀，是可以按疾病身故保险责任赔付的，至于自杀是抑郁症引起的还是其他原因，原则上也不会被重点关注。

不过，有观点认为，抑郁症是一种持久的以心情低落为特征的精神疾病，自杀是抑郁症患者病理情绪导致的直接后果，不属于主动剥夺自己生命的行为，不具有骗取保险金的目的，所以即使在保单生效两年之内，保险公司也应承担赔偿责任。根据《保险法》的规定，我们倾向认为，如果当事人被认定为无民事行为能力人（包括不满8周岁的未成年人和不能辨认自己行为的成年人），那么即便在两年之内，保险公司也应当进行理赔。对于精神病患者，他们是没有自杀意图的，严格上来说不存在自杀。也就是说，抑郁症虽为一种精神障碍疾病，但是抑郁症患者能否算作无民事行为能力人，一般需要司法鉴定，并以鉴定结论为准。

回到本案中，何某在投保后一年内，被确认患有抑郁症。保险公司能否对何某按照身故保险责任进行赔偿，要看何某是否被认定为无民事行为能力人。如果经过司法鉴定，何某为无民事行为能力人，那么保险公司应按照疾病身故保险责任对何某进行赔付。如果最终鉴定何某具有民事行为能力，那么保险公司则不会承担给付身故保险金的责任。虽然何某投的是重大疾病保险，但因为抑郁症不在重大疾病保险的保障范围之内，所以保险公司是不能按照重大疾病保险赔付的。

有些人认为，既然抑郁症患者的赔付如此麻烦，是不是在投保之初被确诊，保险公司就会拒保？这其实不一定。保险人员可能会对被保人进行测定。如果是在急性期或者末次发作距当时一年以内的抑郁症患者，保险公司一般会做延期处理。其他情况需要结合发作频率、末次发作距当时的时间或者停止治疗距当时的时间、是否尝试过自杀、有无酒精或药物滥用等风险因素综合考量，很多情况下保险公司可以通过加收保险费来承保。

不过我们还要提醒大家，已经康复的抑郁症患者，在购买人身险和寿险时也是有些麻烦的。比如，只要有抑郁症病史，原则上不能再购买保险。保险公司可能会建议抑郁症患者，购买养老、理财性质的保险。而已经康复的患者可以投保，但需要提供完整的病史资料，例如出院小结、完整的门诊就诊记录、测评问卷等。

另外，购买商业保险后患抑郁症的人，是否能得到赔付呢？对于这个问题，我们认为，即便患者购买了重大疾病保险，因为抑郁症不在重疾险的保障范围之内，所以还是不能赔付的。如果患者购买了相应的门诊、急诊医疗保险，则可以报销在医保报销范围内治疗抑郁症的药物费用。因此，不同的保险公司，对于抑郁症患者有不同的规定，"管不管"要视保险公司的规定。

总结

有关保险，抑郁症患者是否能获得理赔需要具体问题具体分析。我们需要注意的是，抑郁症属于精神类疾病，保险公司应该在限额内进行赔付。而寿险产品具体还是要看产品条款，即便有两年之后的自杀赔付责任，但如果被保险人被认定为无民事行为能力人，那么即使在两年之内自杀的，保险公司也是要进行理赔的。此外，保险是一种事后理赔，更多是对健康的维护，所以，不管你是迫于压力而患上了抑郁症，还是身边的家人、朋友正在与此抗争，都请打起精神来，你会发现幸福和快乐其实很简单。

购买终身重大疾病保险后患病会获得赔偿吗

导读

看到天灾人祸方面的新闻，有人会感慨："明天和意外哪个会先到？"所以，很多人会选择购买人身保险，因为当意外来临，保险可以帮助很多人渡过经济难关。比如，我们不幸身患疾病，无须担心为治病而四处借钱，因为保险公司可以支付大笔医疗费用。但有时，保险公司会认为某些事故不在保险赔偿范围内而拒绝理赔。对此，我们将分析保险理赔的范围。

案例

2013 年 4 月，钟某在保险公司购买了终身重大疾病保险，每年需要缴纳保费 2 751 元，分 10 年缴付。可是在第二年，也就是 2014 年 3 月，钟某因患病两次住院治疗，并被诊断为尿毒症，连续透析超过 90 天。到了 2015 年 11 月，钟某才向保险公司申请，要求给付重大疾病保险金。钟某的保险合同自签订后，已连续缴纳了两年多的保费。然而保险公司收到申请后，认为钟某虽然因尿毒症住院透析治疗，但在投保前已患有高血压、蛛网膜下腔出血、多囊肾等疾病，这些在投保时未如实告知。而且多囊肾算遗传性疾病，根据相关保险条款规定，保险公司可以不承担给付保险金的责任。保险公司甚至还向钟某发出《解除保险合同通知书》，通知钟某自 2015 年 11 月起解除保险合同，并告知保险公司对合同解除前发生的保险事故，不承担给付保险金的责任。2016 年 7 月 1 日，钟某病故。钟某继承人吴某等 3 人向保险公司申请理赔遭拒后，将保险公司告上了法庭。

焦点问题

钟某购买终身重大疾病保险后，连续缴纳两年多的保费，他在购买保险后两年内患病，并在保单生效两年后向保险公司申请理赔，保险公司应该赔偿吗？

案例分析

钟某的 3 位继承人将保险公司告上法庭，法院受理案件后，首先梳理和确认相关的事实以及发生的时间。在这个案例中，钟某是 2013 年 4 月与保险公司形成了合法的关系，直到 2014 年 3 月，才被诊断为尿毒症，并且从被查出，到 2015 年 11 月向保险公司申请理赔，已经透析治疗超过 90 天。法院认为，钟某的情况，根据保险条款，完全符合保险合同约定的赔付条件。而且钟某的尿毒症，是否为多囊肾直接引发，难以认定。由此我们可以判断，保险公司是应当承担给付保险金的责任的。同时，法院还认为，保险合同成立 180 日后，钟某才被诊断出尿毒症以及多囊肾、高血压等多种疾病。可以说，虽然多囊肾可能并发尿毒症，但如能有效治疗，也不必然并发尿毒症，保险公司并无证据证明，钟某的尿毒症由多囊肾直接引发，所以保险公司用多囊肾的理由拒绝赔付，是没有明确依据的。所以法院最终判决，保险公司给付钟某继承人吴某等 3 人保险金共 3 万元人民币。

这个案例值得我们关注的有两点：一点是钟某所患疾病是否属于保险范围，另一点是保险公司是否有权解除保险合同。根据中国保险行业协会制定的《重大疾病保险的疾病定义使用规范》，重大疾病保险的疾病范围主要包括六类：恶性肿瘤、急性心肌梗死、脑中风后遗症、冠状动脉搭桥术（或冠状动脉旁路移植术）、重大器官移植术或造血干细胞移植术、终末期肾病（或慢性肾功能衰竭尿毒症）。这六类是重大疾病保险必须保障的疾病范围。而其他疾病，如多个肢体缺失、急性或亚急性重症肝炎等 19 类疾病，投保人和保险公司可选择适用。钟某所患疾病为尿毒症，属于重大疾病保险的保障范围，因此，其向保险公司提出理赔申请是有根据的。至于保险公司是否有权解除保险合同，大家需要注意的是，虽然法律规定，自合同成立之日起超过两年的，保险人不得解除合同，但即使过了这个期限，投保人故意或者因重大过失未履行如实告知义务，保险人则有权解除合同。

那么，钟某是否违反了如实告知义务呢？我们分析认为，投保人如实告知的范围，仅包括保险公司询问的范围，对于保险公司没有询问的情况，投保人没有告知义务。本案中保险公司是否对钟某所患疾病进行过细致询问，这一点需要保险公司举证证明。《保险法》规定，保险公司的合同解除权，应自保险公司知道解除事由之日起 30 日内行使，超过 30 日不行使该项权利，保险公司就丧失了解除保险合同的权利。《保险法》还规定，自合同成立之日起超过两年的，保险公司不得解除合同，发生保险理赔事故的，保险公司应当承担赔偿或给付保险金的责任。本案中，钟某与保险公司于 2013 年 4 月订立保险合同，于 2015 年 11 月申请理赔，该期限已超过法定的两年，因此即使保险公司有解除权，也因超过法定期限而消灭了，所以本案中保险公司无权解除合同，应当给付保险金。

总结

投保人购买重大疾病保险后，保险公司是否一定理赔的问题，要视具体情况来定，如投保人是否履行了如实告知义务、保险公司是否能提供相关证明、投保人所患疾病是否属于保险范围、保险合同是否已经生效超过两年等。本案例中，钟某向保险公司申请购买终身重大疾病保险时，保险公司在审核后同意其投保申请，并向其签发了保险单，双方保险合同关系依法成立、合法有效，应受法律保护。同时，钟某于 2015 年 11 月向被告保险公司申请理赔时，案涉保险合同成立已经超过两年，被告保险公司不得解除案涉合同，其虽向钟某发出合同解除通知，但不产生解除合同的效力，其不得因此拒赔，仍应当承担给付保险金的责任。

保险对婚姻起什么作用

导读

很多人都认为，只要步入了婚姻，一切就都会得到保障。然而，结婚证并不能给婚姻上保险，《婚姻法》也没规定不能离婚，婚姻也会因某些原因亮起红灯。

于是，很多过来人对子女婚姻问题就会格外注重。他们依然希望子女大胆追求婚姻，但在这个基础上，不要重蹈自己的覆辙，不能无视风险，否则会落到一无所有的境地。

为子女准备的房子、汽车、首饰等，都有可能被财产分割，于是家长们绞尽脑汁做规划，有人就想到用保险来为自己的子女筑造一座"安全屋"。

案例

王先生夫妇给女儿准备了丰厚的嫁妆，他们以女儿的名义购买了价值2 000万元的新房一套、价值100万元的保时捷汽车一辆，还准备了1 000万元的现金和价值几十万元的项链、戒指。

除此之外，王先生夫妇认为女儿的嫁妆还缺点什么。新房、车、项链、戒指、现金这些都是身外之物，王先生夫妇认为他们对女儿的爱与责任还应该用其他方式来体现。

所以，他们将 1 000 万元现金用人寿保险和大额年金保险的形式给女儿，因为现金是婚前财产，很容易在婚后被混同为夫妻共同财产，一旦离婚，将会被分割。

焦点问题

王先生可能会担心，保险是有收益的，该收益会不会成为女儿和女婿的夫妻共同财产呢？如果女儿的婚姻出现了不幸，收益在离婚时会不会被女婿分走？我们给王先生的建议和安排，能在什么程度上保护其女儿离婚时的财产呢？

案例分析

判定财产是不是夫妻共同财产，我们当然得看看《婚姻法》的规定。从《婚姻法》来看，夫妻共同财产的认定，是基于财产是否由双方共同付出时间和精力来确定的。但保险金收益，并不以时间和精力的付出为前提，而是在一定程度上基于人身关系而获得。2016 年年底之前，这个问题实际上是存在争议的。2016 年 11 月 30 日《第八次全国法院民事商事审判工作会议（民事部分）纪要》（以下简称《会议纪要》）使上述争议在一定程度上得到了明确，即婚姻关系存续期间，夫妻一方作为被保险人，因意外伤害或健康原因而获得的具有人身性质的保险金，或者作为受益人而获得的以死亡为给付条件的保险金，宜认定为个人财产，但双方另有约定的除外；而依据以生存到一定年龄为给付条件的具有现金价值的保险合同获得的保险金，宜认定为夫妻共同财产，但双方另有约定的除外。根据《会议纪要》，我们先不需要考虑投保人和被保险人如何设计夫妻一方获得生存保险金。各大保险公司都有的年金保险产品、年金保险的收益，一般会被认定为夫妻共同财产；而夫妻一方因意外伤害或健康原因，获得的具有人身性质的保险金，也就是意外险、医疗保险、重大疾病保险等健康保险的保险金，宜认定为个人财产；以死亡为给付条件的大额保险金，也就是身故保险金，一般也会认定为夫妻一方的个人财产。

另外，《会议纪要》还明确，以夫妻共同财产支付保费，且投保人、被保险人同为夫妻一方的寿险保单的现金价值，为夫妻共同财产；离婚时，如果投保人不愿意继续投保，保单的现金价值部分应作为共同财产处理，如果投保人继续投保，则应当支付保单现金价值的一半给另一方。不过，这项规定实际上是设置了条件的，换句话说，其他情形的保单如何在离婚时进行分割，并没有明确规定，比如以夫妻共同财产支付保费，但夫妻分别为投保人和被保险人。还有更复杂的，夫妻一方婚前投保，保费已缴，而部分保费是婚后以夫妻共同财产缴付的等。这些未明确的情形，得具体问题具体分析，有赖于法官的智慧及其对于法理的运用。

那么，这个案例中的王先生怎样保护女儿离婚时的财产呢？

首先，王先生可以给女儿买年金保险，每年缴保费 300 万元，分三年缴清，投保人为王先生，被保险人和生存受益人为女儿，死亡受益人为王先生。如果将来女儿生了孩子，再将死亡受益人变更为她的孩子。另外，王先生可以再给女儿买一份重大疾病保险和终身寿险，每年支付保费 3 万左右，一共缴费 20 年。重大疾病保险的投保人为王先生，被保险人和受益人为女儿，终身寿险的投保人和被保险人是王先生，保险受益人是女儿。

　　这样安排的好处是：第一，给女儿买年金保险之后，女儿每年能领取少则 10 多万元，多则 30 多万元的年金。女儿的基本生活费应该没有问题，且女儿活多久可以领多久，这样一来，伴随一生的现金流，可以保证女儿一生衣食无忧；第二，有些父母如果把大额现金一次给女儿，会担心女儿挥霍，而王先生通过保险的安排，很好地解决了这个问题。因为王先生自己是投保人，保险的掌控权归王先生所有，女儿只是每年领取年金，完全可以防止 1 000 万元的本金被挥霍；第三，根据《会议纪要》，虽然年金保险的收益，在女儿与女婿的婚姻存续期间作为夫妻共同财产，但由于保险的实际掌控权归投保人王先生所有，离婚时保险本身是不可能被分割的，离婚后依然可以守护女儿一生的幸福；第四，如果女儿不幸被诊断出重大疾病，王先生给女儿安排的重大疾病保险项下的赔付，和女婿完全没有关系，因为这是具有人身性质的，属于女儿的个人财产，女儿在看病方面也有了重要保障。这笔保费又是由王先生支付，并不是以夫妻共同财产支付，投保人是王先生，并非女儿与女婿一方，如果女儿的婚姻不幸出了问题，面临离婚财产分割时，保单的现金价值部分不会按夫妻共同财产处理，而是女儿的个人财产；第五，如果王先生因意外或疾病身亡，女儿作为受益人而获得的以死亡为给付条件的身故保险金，为女儿的个人财产，也与女婿无关。

总结

　　女儿出嫁，父母怎么给嫁妆不是一个简单的事情。父母对女儿的爱，怎么既能让女儿感受到，又能在变化莫测的未来，对女儿的一生有所保障，是一个相当专业的事情。

法院能否执行大额保单

导读

很多人想通过保单隔离资产，但担心保单会被法院强制执行，因为浙江高院执行局于 2015 年发文，明确了具备理财性质的保险产品可以被强制执行，但此文件仅具有地方性的指导作用，并且仅针对具备理财性质的保险，而在实践中，强制执行保单也面临着不少的阻力。对此，我们将分析保单是否具备资产隔离功能。

案例

小明驾驶一辆制动性能很差的无牌三轮轻便摩托车，载着小王出门办事，由于没有注意到路面情况，迎面撞上了停在路上的一辆重型自卸货车车尾，造成自己重伤，小王死亡。

交警调查发现，重型自卸货车是由小曾驾驶停靠在路边，但小曾仅持有 C1 驾照，也就是准驾小型汽车的机动车驾驶证，因此交警认定，小明承担事故的主要责任，小曾承担事故的次要责任，死者不承担事故责任。

法院裁决小明和小曾分别赔偿小王家属各项损失共计 16.9 万余元、8.5 万余元，而小明名下没有可供执行的财产。法院调查发现，小明为自己购买了一份人身保险。法院要求保险公司协助办理退保手续，核算被执行人小明可获得的保单的现金价值，或可退的保险费。但保险公司认为，人身保险金是具有人格属性的专属债权，不能因投保人的债权债务纠纷被强制执行，因而表示不予以协助办理。而法院经审查认为，在投保有效期内未发生保险事故，保单的现金价值，应归投保人即被执行人所有，法院有权强制执行，据此驳回了保险公司的异议，并最终收到了上述保单所兑现的 5 万余元现金。

焦点问题

保险能否做到资产隔离？或者说，保险能作为财富传承的工具吗？

案例分析

上述判决结果，会让人有保险无法做到资产隔离的感觉，但其实并不尽然。面对类似的情况，各地方法院的判决是不一样的。且目前相关法律也并未明确指出，在哪些特定的情况下保单会被强制执行。就目前的实践经验来看，一种观点认为，当投保人欠债之后没有偿还能力，而又不自行解除保险合同，以提取保险单的现金价值用于偿还债务的，法院可以强制执行。另一种观点认为，如果债务人在购买保险时，既不存在恶意避债行为且支付保单所用款项也为合法所得财产，那么即便债务人无法到期支付欠款，根据《保险法》的相关规定，债务人的保单也不应被强制执行。

上述不同观点的法律依据是什么呢？

《保险法》第二十三条规定："任何单位和个人不得非法干预保险人履行赔偿或者给付保险金的义务，也不得限制被保险人或者受益人取得保险金的权利。"而《中华人民共和国合同法》（以下简称《合同法》）第七十三条规定："因债务人怠于行使其到期债权，对债权人造成损害的，债权人可以向人民法院请求以自己的名义代位行使债务人的债权，但该债权专属于债务人自身的除外。"那么，什么是专属于债务人自身的债权呢？最高人民法院在《最高人民法院关于适用〈合同法〉若干问题的解释（一）》第十二条中解释道："《合同法》第七十三条第一款规定的专属于债务人自身的债权，是指基于扶养关系、抚养关系、赡养关系、继承关系产生的给付请求权和劳动报酬、退休金、养老金、抚恤金、安置费、人寿保险、人身伤害赔偿请求权等权利。"从这些法律规定来看，人寿保险的确可以实现风险隔离的功能，也就产生了第一种观点。

而第二种观点认为，具备理财性质的人身保险，本质上除了保险的保障功能之外，很大一部分功能是借助保险这一法律关系，通过现金资产使投资人的投资获利的。基金份额作为典型的可投资的金融产品，法律明确规定可以被强制执行。而具备投资理财这一本质特点的人身保险，理应可以被强制执行，即便这样的投资是建立在保险关系的基础上。当然，如果投保人是用赃款购买人寿保险，而保险公司明知保费有问题但仍为其承保的，人民法院依法查明情况属实的，此保险也可能被依法强制解除，并且保费也将面临上缴国库或返还的可能。

总结

大额保单能否被强制执行，目前各地法院态度并不一致，甚至可以说分歧很大。在最高院没有明确表态之前，我们很难简单地说大额保单可以或者不可以被强制执行。毕竟，在这个千变万化的世界中，没有什么财富管理方式，是可以绝对保证财产安全的。我们能做的，也许只有安不忘危，择地而蹈。

如何利用保险隔离风险

导读

研究表明，收入水平越高的人，对保险的需求越大。尤其是近年来国家经济增长的推动，以及全球对资本金融的普遍重视，一些具有特定功能的保险，开始受到人们的关注。只是我国保险行业的发展虽然日益壮大，但与发达国家相比，还是具有一定的距离。再加上我国目前险种众多，该如何选择真正适合自己、能够保障自己生活的保单，就成为有需求之人的一大困扰。在本书中，我们已经讨论了购买保单需要注意的问题，接下来，我们将针对目前市面上最受欢迎的保单功能来进行分析，看看这些保单是否真能规避债务。

案例

陈某和罗某是一对夫妻。陈某婚前从贺某处借款50万元，而陈某婚后不久就因病去世了。对于50万元的借款，罗某认为这是陈某婚前所借，和自己没有关系，不打算担负还债的义务。

于是贺某上告法院，要求陈某的遗孀罗某和陈某的父母还债。由于陈某没有留下遗产，也就谈不上继承人因继承遗产，而为其还债的情况。法院判决罗某和陈某父母不用承担还款责任。但50万元不是小数目，贺某只好想其他办法。经过一番调查，他发现有4份陈某作为被保险人的保险合同。贺某随后上诉，认为陈某虽然没有遗留财产，但是保单的理赔金应该用于偿债。经过法院核查，2010年至2012年，陈某母亲作为投保人，以陈某为被保险人，购买了多份保险。其中，两全保险、重大疾病保险各一份，都没有指定受益人。另外，以陈某母亲为受益人的寿险保单有两份。2013年6月，保险公司支付上述保险合同的赔偿金共32万元。

焦点问题

如何利用保单隔离风险，从而有效保障自己及家庭的生活？

案例分析

《保险法》第四十二条规定："被保险人死亡后，有下列情形之一的，保险金作为被保险人的遗产，由保险人依照《继承法》的规定履行给付保险金的义务。"其中所列情形与本案相关的是，"没有指定受益人，或者受益人指定不明无法确定的"。同时，《最高人民法院关于人身保险金能否作为被保险人的遗产进行赔偿问题的批复》规定："人身保险金能否列入被保险人的遗产，取决于被保险人是否指定了受益人。指定受益人的，被保险人死亡后，其人身保险金应付给受益人；未指定受益人的，被保险人死亡后，其人身保险金应作为遗产处理，可以用来清偿债务或者赔偿。"因此，陈某的保单中，没有指定受益人的两全保险赔付的 9 万元，及重大疾病保险赔付的 6 万元，就应当作为被保险人陈某的遗产，用来偿还应当缴纳的税款和债务。而另外 17 万元的赔偿款，由于指定了陈某母亲为受益人，则不属于陈某的遗产范围，应当按照陈某的遗愿，留给其母亲用于保障家人的生活，而不用于清偿债务。

陈某的案例，是非常典型的保单隔离债务的案例。因为在很多案例中，当事人想为配偶和父母留下一笔财产，但由于没有指定受益人，而导致继承人要面临偿还当事人债务的窘境。

那么，投保人在签订保单时应该注意什么呢？

第一，保险合同的设立必须是合法有效的。《合同法》第五十二条规定："有下列情形之一的，合同无效：一方以欺诈、胁迫的手段订立合同，损害国家利益；恶意串通，损害国家、集体或者第三人利益；以合法形式掩盖非法目的；损害社会公共利益；违反法律、行政法规的强制性规定。"因此，任何试图通过保险实现非法目的的保险合同，比如恶意避债、恶意避税或进行资产转移的行为都将导致保险合同的无效。

第二，也是上述案例里强调的，受益人必须明确，否则保险金可能会被视为遗产而被继承，需要缴纳税费和清偿债务。

第三，对于大额保单，最好能指定多位受益人，因为如果受益人先于或者与被保险人同时死亡，而保单项下无其他受益人的，那么保险金仍将被视为遗产而继承。并且，被保险人在指定多位受益人时，可以将所有受益人按照一定的顺序进行排序，以便在一定程度上实现财富的传承。

第四，最高人民法院《关于适用〈保险法〉若干问题的解释（三）》第九条规定："投保人指定受益人未经被保险人同意的，人民法院应认定指定行为无效。当事人对保险合同约定的受益人存在争议，除投保人、被保险人在保险合同之外另有约定外。"其第三款规定的情形为"受益人的约定包括姓名和身份关系，保险事故发生时身份关系发生变化的，认定为未指定受益人"。据此规定，当身份关系发生变化（最常见的身份关系的变化就是因离婚导致夫妻关系的消灭）后，如果未及时变更受益人，保险将被视为未指定受益人，而保险金将被作为遗产继承。

总结

根据上述案例，在签订保单时，被保险人一定要指定受益人，且最好能指定多位受益人，以防止由于先死亡或丧失、放弃受益权而导致没有受益人的情况，而且一旦身份关系发生变化，要及时进行受益人变更。还要注意，如果婚后债务为夫妻共同债务，那么受益人指定为配偶的话，债务隔离功能可能会大打折扣，在这种情况下，子女做受益人是更为妥帖的选择。不过，在不同的情况下，即便保单设计相同，能达到的效果却未必一样，且每份保单想满足的需求也不一样。

保险能用来做税务筹划吗①

导读

很多人在购买保险的时候会遇到很多困惑，他们认为保险复杂，多是因为每项产品都有不同的功能。那么，我们就结合大部分客户在购买保险时都会关注的税务问题，进行分析和讲解，希望能够为大家解惑。

案例

陈先生和国内大部分高净值客户一样，之前主要在国内外做高收益的投资项目，包括房产、股权、信托等，每年的投资回报都很丰厚。然而，近年来的营业税改增值税、人民币被纳入特别提款权（SDR）、金税三期工程在全国推行、金融账户涉税信息自动交换标准开始实施等情况，使他对个税改革信息的了解更加深入。如果他的项目皆为投资类产品，期满后，这些产品的

---

① 本文整理自于蕴海律师 2017 年 9 月 15 日在《王昊说财富》节目中的案例分析。

投资收益（增值）均需合并计税。此外，他在北京拥有 3 套市中心学区房（1 套自住，2 套出租），市值均在 3 000 万元以上。而陈先生除工资外，还有版权、分红等收入。这些导致其下一代的纳税成本将上升至上千万元。很多理财顾问告诉陈先生，保险能避税、节税，并让他多配置保险产品。可如何利用保险做税务筹划，陈先生仍一头雾水。其实，不仅陈先生有这样的疑惑，许多客户、从业人员，甚至理财顾问都有类似的疑问。

焦点问题

保险能用来做税务筹划吗？

案例分析

问题一：很多人，尤其是高净值人士在配置保险的时候都会考虑税务问题而且很多保险产品在被大力宣传能够规避税务风险，真的可以吗？

其实保险公司或理财顾问所宣传的保险产品能"节税"中的"税"一般是指所得税、遗产税。目前来看，运用保险产品来进行税务筹划是可行的，但也存在一定的争议。为什么这么说呢？因为在目前，寿险保单的保险金，比如年金、分红、身故保险金等，在实际操作中一般不用缴纳个人所得税；而遗产税方面，由于遗产税法还没有实施，所以也不需要缴纳。由此可见，保险产品确实在一定程度上可以用来做税务筹划，进而避免一定的税务风险。

《中华人民共和国个人所得税法》第四条规定，保险赔款可以免征个人所得税，但保险赔款未必就是人寿保险中的保险金。因为《保险法》里没有对人身保险的保险金使用"赔偿"或者"赔款"的表述。个人所得税法中的保险赔款，指的应当是财产险中的保险金，而非寿险中的保险金。所以，我们不能说个人所得税法就是寿险保单规避税务风险的法律基础。

利用寿险保单在目前进行税务筹划，其实存在着很大争议。比如1998年，国家税务总局在《关于未分配的投资者收益和个人人寿保险收入征收个人所得税问题的批复》中明确："对保险公司按投保金额，以银行同期储蓄存款利率支付给在保期内未出险的人寿保险保户的利息（或以其他名义支付的类似收入），按'其他所得'应税项目征收个人所得税，税款由支付利息的保险公司代扣代缴。"当然，这里仅仅是指利息或类似收入。到了2006年左右，曾有部分地税部门要求保险公司代扣代缴保单分红的个人所得税，不过这一要求并未被执行。而2008年，保监会在《关于人身保险产品税收宣传有关事项的通知》中要求："各人身保险公司在保险产品税收宣传过程中应对当地保险产品收益的税收情况进行如实告知，不得进行类似收益免税的误导性宣传。"说到这里，大家估计也不难看出，用寿险保单做税务筹划来避免税务上的风险，确实存在争议。

问题二：既然遗产税还没有出台，为什么保险公司会宣传可以规避遗产税呢？

根据《保险法》第四十二条的规定，身故保险金只有在没有指定受益人或者受益人无法确定的情况下，才视为被保险人的遗产。换句话说，只要有明确的受益人，保险金就不是被保险人的遗产，自然也就不需要缴纳遗产税了。我们会在后面分析境外的遗产税情况。所以，总体来说，寿险保单在目前的实际操作中，确实可以进行税务上的筹划，但未来如何，则完全取决于是否会制定和实施新的法律。

总结

用保险做税务筹划想必是很多高净值人士都会考虑的。虽然保险的避税功能存在争议，也存在不确定性，但作为高净值人士进行资产配置的重要部分，其财富规划功能也是客观存在的。当然，如果我们可以运用保险和保险金信托等组合，想必在面对未来的风险冲击时更能保障财产的安全。有关保险金信托的详细内容，大家可以看"家族信托与财富传承"一章中的具体讲解。

如何利用保险做税前规划①

导读

胡润研究院与汇加移民联合发布的《2018 汇加移民·胡润中国投资移民白皮书》显示，美国在教育、投资目的地、海外置业、移民政策适应性、华人适应性以及护照免签功能方面，再次位居第一，蝉联四年冠军。在考虑移民的中国高净值人群中，约有八成选择美国。可是移民就意味着全方位规划，而自身资产如何安放，就成为最头疼的事情。放美国还是继续放中国？美国的遗产税太高，又该如何规避？如果在中国购买寿险，是否可以不用担心税务问题？对此，我们将为大家针对移民和保险之间的关系进行分析。

案例

李某为了让孩子受到国际化的教育，决定让他的老婆周某和

---

① 本文整理自于蕴海律师 2017 年 10 月 13 日在《王昊说财富》节目中的案例分析。

儿子小李移民美国，自己先保留国内的身份。李某听说，在美国需要缴纳很高的遗产税，而如果买一份大额保单可以规避遗产税，于是找了中国某保险公司购买了一份大额人身保险，受益人是儿子，另外还为儿子购买了一份年金保险。但他困惑的是，如果在中国买保险，到底以谁的名义投保能规避美国的遗产税呢？受益人是儿子，而儿子又有美国绿卡，那是不是不能规避遗产税了？

焦点问题

移民会面临哪些税务问题？

案例分析

很多人是全家移民，有的则是妻子和孩子移民，自己没有移民，比如本案中的李某。

根据美国税务局（Internal Revenue Service）最新公布的数据，2018 年美国的遗产税和赠与税的累计免征额度是 1 118 万美元，对于美国居民来讲，超出这个范围，就要缴纳 40% 的遗产税和赠与税。在美国，保单是属于投保人所有的财产。就李某的情况而言，如果给自己投保，投保人和被保险人都是李某，受益人是儿子小李，身故保险金虽然会被认定为李某的遗产，但由于李某没有移民，不是美国居民，根据美国的相关税法，非美国居民的身故保险金被视为来源于美国本土之外的遗产，所以是不需要向美国税务局缴纳遗产税的。

如果投保人是李某的老婆周某会出现什么情况呢？周某已经

取得了美国绿卡，她是否可以规避遗产税呢？我们先分两种情况来讨论：第一种情况，如果投保人和被保险人都是周某，受益人是小李，因为周某是美国居民，作为投保人，她的身故保险金是会被视为遗产，计入她的遗产总额而计算遗产税的；第二种情况，投保人是周某，被保险人是李某，受益人是小李，这种情况下，虽然被保险人李某是非美国居民，但是因为周某是投保人，保单是属于投保人所有的财产，李某去世后，这张保单项下的身故保险金会被视为投保人周某对小李的赠与财产，计入她的赠与财产总额而计算赠与税。也就是说，如果周某作为投保人，无论被保险人是她本人还是李某，她名下的遗产和赠与的财产总额如果超过 1 118 万美元，就需要缴纳赠与税和遗产税。

李某还给小李买了年金保险。如果年金保险的受益人已经取得了美国身份，那么所领取的年金需要缴纳美国的个人收入所得税吗？

从每一笔年金或分红中详细区分出哪些是应纳税的个人所得，哪些是被返还的保费，会很复杂。对此，美国政府用专门的公式来计算和衡量已付保费与预期分红总额，并以此来确定生存保险金应税所得。即保险金所得超过已付保费的部分，需要缴纳个人所得税，未超过的部分，不用缴纳。

那如何确定预期分红总额呢？对此，美国相关机构会根据平均寿命，计算出受益人预期领取分红的总年数，再乘以每年年金数额，所得出的结果基本就是预期分红总额。

总结

面对美国税收，尤其是高额的遗产税和赠与税，完善的税务筹划是非美国公民在移民或长期居住美国前需要做的。家里有多少资产要盘算清楚，并且根据具体情况逐一决策，做好财产规划。比如，我们可以运用人寿保险或家族信托来规避遗产税或赠与税，确保大家在享受美国生活的福利及优势之余，还能有效合法减少不必要的税务支出。

第三章 | 移民与税务

如何规避资产代持的风险

导读

泽西皇家法院（Royal Court of Jersey）曾在一对夫妻的离婚财产纠纷案中，做出了一个让人吃惊的判决——"我"的资产给"你"代持，最后变成了"你"的资产，而不是"我"的资产，这听起来的确不可思议。接下来，我们将分析什么是资产代持，它的风险以及如何规避风险。

案例

案例一：一位51岁的商人，为了逃避财产被追缴查罚的风险，就把房子、车子等，统统都转移到了妻子的名下，然后假离婚，彻底将自己与这些资产隔离。可不遂人愿的是，他因伪造价值1 000多万元的金融票据，被判刑三年。由于他之前的安排，钱都没有被查获，他自己的说法是，被放出来后，还能东山再起。不料，当他出狱后，却"物是人非"了，妻子已和别人结了婚！人"没"了，钱也"没"了，转移到妻子名下的一切财产都没了！

案例二：一位女企业家准备移民美国，但因为事业的重心还在国内，将来还是要回国继续经营，所以她的顾问就建议她，若干年之后退掉美国身份，只让丈夫和孩子保留美国身份即可，这样在移民时就不宜申报太多财产，以免退籍时缴付高额税。为了避开这个高额的税负，她决定把多年辛苦积攒的两亿元家产先由哥哥代持，并且约定退籍之后让哥哥转回给她。但意外的是，这位女企业家的哥哥不幸去世了，而嫂子、侄儿想要分割这笔资产，这是女企业家万万没有预料到的。

案例三：一位企业家为了规避税务风险，将公司部分收入存入了女儿的账户，让女儿代为保管，没想到女儿的婚姻出现裂痕，女婿起诉要求分割女儿的财产。这位企业家不同意，女婿就将他的不正当行为全部曝光，因此这位企业家不仅陷入后代婚姻状况发生变化所带来的财富风险之中，还不得不面临承担法律责任的风险。

焦点问题

资产代持都有哪些风险？如何规避这些风险？

案例分析

资产代持是很多人都会考虑或涉及的一种简单易行的财富管理方式。什么是资产代持呢？简单来说，就是将自己的资产，登记在其他人或者其他机构的名下。资产代持包括简单的资金代持和股权代持，也就是说，让别人帮忙来替自己持有钱或者公司。请别人来代持资产的出发点有很多种，比如，实际的出资人不愿意公开自己的身份，或规避经营中的关联交易，或规避法律、政策的规定，或为了隐藏资产。不过，在实际操作中，很多人却忽略了代持行为可能会引发的风险与麻烦。由于名义所有人与实际所有人的不一致，一旦发生风险，往往损失也更为严重。因此，资产代持背后的风险，是我们绝对不能忽略的。

　　有的人说，只要选择信得过的人来代持自己的资产，对方足够忠诚，不会背叛即可。这样的想法实在过于简单，由一个忠诚的自然人来代持，背后的风险就可以规避了吗？其实反过来，帮你持有资产的人，我们叫他代持人，他同样有可能有债务、税务问题或者离婚、离世，甚至帮他人做担保等情况。

　　上述 3 个案例就说明了，找人替自己持有资产，所谓的风险只是发生了转移而没有消失。我们现在就来总结一下，资产代持都会存在哪些风险。

　　第一类，就是上述案例一中妻子的行为，属于道德风险。很多持有资产的人，出于安全考虑，往往会让自己信任的人，比如亲属、朋友甚至公司的财务人员来代持资产。因为资产所有权人觉得足够了解他们，也随时可以联系到他们，所以认为他们比一些机构可靠。但是看到那么多家族遗产的争夺战，就会发现人在利益的驱使下，是最不可深究和控制的。所以，在大环境的影响下，因背叛而造成资产被侵占的风险只增不减。

　　第二类，代持人的婚姻变化引发的风险，就比如上述案例三中的情况。根据《婚姻法》的相关规定，夫妻在婚姻关系存续期间所获得的财产，若夫妻未约定特定夫妻财产制，即为夫妻共同财产制。当夫妻离婚时，双方应当对全部未约定的财产予以分割。在这种情况下，代持人的婚姻状态如果发生变化，被代持的财产有可能会默认为名义持有人（即代持人）的财产，那么这部分资产，就有可能面临被代持人分割的法律风险。

第三类，是代持人负债引发的风险。这类风险要注意的是，由于代持人自身的债务原因导致诉讼，而代持人名下的财产，同样有可能会被默认为名义持有人（即代持人）的财产而被法院冻结、保全或者被执行。也就是说，"你"的钱极有可能就做了"他人"的嫁衣。

第四类，是代持人死亡引发继承。这一类要注意的是，如果代持人意外死亡，则其名下的代持资产，将有可能涉及与继承有关的法律纠纷。这个想必不用解释，大家也能明白。所以，资产代持的出发点是财富保全，核心就是稳定、可信。而如何最大限度地避免代持风险，是我们要解决的首要问题。

从代持对象来说，法人的生命无限，责任有限，选择由法人代持似乎要比由自然人代持理想得多。而且一些境外法人，不仅有隐秘性，同时在低税或有免税政策的国家，又可以减少赋税。为了让代持协议能更稳定，我们还需要去搭建一个风险控制的系统。其实，我们可以考虑通过信托的方式来抑制损害。一定程度上，信托也是一种代持，因为有《中华人民共和国信托法》（以下简称《信托法》），所以资产由信托来持有会有更高的保障。它不仅可以在延续家族资产方面起到重要作用，在照顾后代、保障企业的永续经营等方面能够达到其他方法无法达到的保障效果。

总结

资产代持行为的风险，就是自然人的风险，我们要明白意外的发生是无法控制的，道德的约束也仅在一念之间。而且，很多人津津乐道的代持协议，是无法约束上述风险的。因此，资产实际所有人务必要根据自身的情况，结合资产种类来选择合适的财产规划方式，以规避代持所带来的风险。不管怎么说，最大限度地避免代持风险的长久之计，是根据自身的状况与需求，选择合理的方式，搭建一个稳固有效的代持结构。

跨境财产继承需要注意什么

导读

近年来，大大小小的遗产争夺案已经屡登各大新闻媒体的头条，从几百万元、几套房，到令人震惊的 200 亿元，着实让很多人瞪大了眼睛。当面对家族成员对财产的虎视眈眈时，富豪们也是绞尽脑汁地寻找可以避免纷争的财产继承方法。而很多真实案例显示，没有进行传承规划就投资到海外的资产，在被继承时会比本国资产复杂许多。

案例

几年前，某香港企业家王某和他的儿子因空难同时去世，王某去世后，他的遗孀和他 90 岁的老父亲打起了遗产争夺官司，涉及金额约 200 亿元。王某生前既没有写过遗嘱也没有制定其他财富规划，其遗产不仅在中国内地和中国香港，甚至还在英国等其他国家和地区。也就是说，不管谁是王某的直系亲属或者谁和王某最亲，根据不同国家和地区的法律，继承结果可能都不同。

那么，根据中国内地的法律，王某的遗产可能要判给王某的妻子和老父亲，而根据中国香港的法律，就有可能只判给王某的妻子。

焦点问题

在死者未确立遗嘱或者未设立其他财产规划的前提下，不同国家和地区的继承问题需要我们注意什么？

案例分析

中国内地和香港，有些法律制度和法律规定存在差异。在死者未确立遗嘱或者未运用其他法律工具的前提下，我们来看看继承上所需要注意的问题。

首先，无遗嘱继承，顺序不同。根据中国内地的法律，第一顺序继承人是：父母、子女、配偶。在通常情况下，第一顺序继承人平均分配死者遗留的财产。也就是说，王某和他的儿子死后，他的老父亲和他的妻子是可以平均分配他留在中国内地的遗产的。当然，根据法律适用法的规定，动产的法定继承，适用王某的经常居住地——中国内地的法律；而他遗留的不动产，需要适用不动产所在地的法律。中国香港的法律规定，死者的父母并非第一顺序继承人，在死者有配偶和子女的情况下，死者的遗产将全部由死者的配偶和子女继承，且配偶会继承最大的份额，父母则不是继承权受益人。

其次，鉴于王某是中国香港人，虽在中国内地有资产，但是遗产继承必须按照香港法律的程序，继承人向香港高等法院申请遗产承办书，获得批准后，才可以领取遗产。而当继承王某在英国的财产时，继承人面临的问题更多，在英国，我们不能忽视的就是遗产税。因为英国居民在世界各地的所有资产，都要付遗产税，并且非英籍人士在英国国内拥有的资产也需要支付遗产税。我们暂且不提王某在英国的身份，只按照他为非英籍人士，遗产税征收的范围就包括房子、汽车、银行存款、收藏品和企业等有价值的东西。如果按照遗产总额超过免税津贴的部分的统一税率（现为40%）征税的话，王某的父亲或妻子在英国继承时也会损失很多。而且在英国，不同的财产形式所适用的法律也是不一样的。比如动产继承适用于遗嘱人死亡时的住所地法，而不动产继承（在英国包括土地所有权益，也包括抵押贷款）适用于不动产所在地法（财产归属地的法规）。

通过以上内容，我们不难发现，在没有运用遗嘱、信托等工具合理规划的情况下，想要争夺到遗产，在适用的法律面前，让自己成为最该获利的继承人，显得困难重重。如果已故企业家在心里早就盘算好了谁可以获得自己的财产，则遗嘱与信托的作用不可小觑。我们都知道，设立遗嘱，可以让继承避免很多不必要的纷争，但是，也会有人站出来挑衅遗嘱的权威，所以，我们还要重点说一说信托。

因为遗嘱只能算初级阶段的规划，设立家族信托才是解决财产纷争或者其他相关问题的根本之策，因为设立家族信托后，可让遗产税减至最低甚至完全避免，这被全球范围内的很多富人青睐。比如，已故的第六代威斯敏斯特公爵杰拉德·格罗夫纳（Gerald Grosvenor）的财产，绝大部分由信托构成，并且还是格罗夫纳集团的家族信托，不仅可以将格罗夫纳家族内的所有继承人的名字都写在里面，也能够保障这些钱不属于其中任何一个人。可以说，这样既避免了遗产税的问题，也避免了所有继承人争夺遗产的问题。

总结

无论是遗嘱还是信托，都只是单纯解决眼下财产纷争的一种手段，若从长远角度来看，有时候即便设立了遗嘱或信托，也可能出现"无效"的情况。尤其是很多企业家身边缺少有经验的私人财富管理律师，很多相关风险都无法预防。但是为了避免出现更多问题，做好良好的财富规划，我们还是建议企业家事前咨询专业人士。

放弃美国身份就能避税吗

导读

　　近几年，由于美国国税局（IRS）加大全球征税的力度，越来越多的美国纳税人放弃美国国籍或绿卡，2008 年至 2016 年放弃美国国籍或绿卡的人数呈上升趋势。据美国财政部发表在《联邦公报》（*Federal Register*）上的统计数据，2016 年第一季度已经有 1 158 位美国纳税人放弃他们的国籍或绿卡，和 2015 年第四季度的 1 058 人相近。过去，我们可能会对一个季度竟有如此多的退籍人感到惊讶；而现在，每个季度都有超过 1 000 人放弃美国国籍或绿卡，这已经成为常态。

　　加速美国公民放弃国籍或绿卡的主要原因是：美国财政部和国税局加强了对纳税人海外资产和收入申报的追查，要求纳税人主动申报境外银行与金融账户。特别是在美国政府强力实施《海外账户纳税法案》（FATCA）后，美国的税务居民发现，他们越来越难在国外开设金融账户。美国政府大力度进行全球追税，已经让很多美国公民感觉沉重不堪，以至于他们主动放弃美国国籍或绿卡，去选择另一个无税务负担的身份，以此来弥补个人税务规划和财富防护策略上的缺陷。那么，他们放弃美国身份后就高枕无忧了吗？

案例

某私营企业家李某，他申请的美国 EB-5（投资移民项目）的两年临时绿卡 I-526 被批准后，突然获悉持有美国绿卡应承担相关的税务负担与烦琐的披露义务。他马上从获知被批准的喜悦中跌入烦恼的谷底，一直在纠结下一步到底应该怎么办。在咨询了很多已经获得绿卡而且也从不如实申报财产的朋友后，李某毅然决定：继续移民美国的各项申请步骤，等女儿获得正式绿卡后，他再退掉美国身份，他认为一旦退掉美国身份，就和美国政府没关系了。

焦点问题

美国公民放弃美国身份后就可以高枕无忧了吗？

案例分析

众所周知，美国是一个"万万税"的国家，只要你移民美国，拿到绿卡，那么从个人和企业所得税、赠与税与遗产税等方面就得进行规划，否则你可能还没在美国大展宏图，就先花光一半的积蓄了。大家可能都知道，美国的纳税人，分为美国税务居民和非美国税务居民两类。我们先给大家介绍一下什么是美国的税务居民，因为美国的官方定义并没有我们想的那么简单。从联邦的层面来看，所得税定义下的税务居民和遗产税、赠与税定义下的税务居民，是两个不同的概念。

首先，我们来了解一下美国的个人所得税和谁有关系。只要持有美国绿卡就是税务居民，持卡人实际上是否在美国居住并不重要。你有了绿卡，就有对自己在全球范围内的收入缴纳个人所得税的义务。

其次，需要注意的是，即便没有移民，但如果在美国停留的时间太长，也会被认为是美国税务居民。如果按照一年365天来算的话，只要你每年在美国停留的时间超过183天，那么就需要纳税，也就算是美国税务居民。每年往返美国的人士，还需要知道另外一种计算方式，即三年累计停留超过183天的方式（今年停留的日期 + 去年停留的日期除以3 + 前年停留的日期除以6）。一旦美国税务居民的身份被界定，从界定日期开始的那一天起，你就要承担向美国纳税的义务。所以，一般情况下，我们都建议没有移民美国倾向的客户，在美停留时间不要超过121天。对于那些孩子在美国读书，母亲陪读，父亲在中国和美国之间两地跑的家庭，这点要格外注意。

最后，根据美国相关的法规，如果一个人持有国际学生签证、国际教师资格证、培训签证，或者属于国际公约组织雇员，则不属于美国税务居民。无论其在美国停留时间有多长，都不承担美国税务居民的纳税义务。不过，我们说的，是个人所得税对税务居民的定义，相较而言，遗产税和赠与税对税务居民的定义是不一样的。

美国赠与税和遗产税都属于财产税。一个人生前无偿赠送应缴纳赠与税，而其身后财产继承则应缴纳遗产税。此外，美国遗产税与赠与税的纳税主体都是财产所有人，而不是受赠者或继承人。接受者收到的赠与或者继承的财产，既不会算作收入，也不需要缴纳个人所得税。虽然这些规定看起来好像都是给美国公民制定的，但其实并非如此。举例来说，老王一家三口，王太太和孩子移民美国了，老王还保留中国身份。如果老王去世，留给孩子的钱或老王赠与孩子的钱，都不存在向美国缴纳遗产税或赠与税的问题，但是如果是王太太的遗产或王太太赠与孩子的钱，就需要向美国缴纳遗产税或赠与税。遗产税和赠与税都是有终生免税额度的，每年都会根据通货膨胀的指数进行调整。对于美国税务居民而言，2018 年的终生免税额度是一个人 11 180 000 美元。赠与税也有年度免税额度与夫妻间的免税额度。但是如果他们是超高净值家庭，且大部分资产都在王太太名下，那么不做财产规划就移民美国，会有不少损失。

所以，要想移民美国，你的全球收入和资产都会面临向美国纳税的问题，而且不同阶段的纳税问题也不尽相同。那么，在什么时候、什么时间点选择什么样的税务居民身份，就显得尤为重要了。

有人会问，像案例中的李某一样，退掉美国身份后，就和美国政府没关系了，也不用再考虑遵守美国法律的事情了吗？但是2015 年 4 月 15 日，美国法院的一项判决可能会给众多的"李某"当头一棒。美国法院宣判了一名已经放弃美国身份的人士犯有税务欺诈罪，原因是他在持有美国身份期间，提交了虚假的税务申报表格。这位前美国公民自 2007 以来在瑞士居住，并在瑞士银行开设了金融账户。在 2007—2008 年的联邦所得税申报中，他隐瞒的利息收入，共计约 28 万美元。2012 年，他加入了加勒比海的圣基茨和尼维斯联邦（The Federation of Saint Kitts and Nevis）的国籍并决定退出美国国籍。2017 年 4 月 15 日，美国司法部对此案进行了判决。他将面临最高刑期为 3 年的监禁、总计 25 万美元的罚款及 8 万多美元的赔偿金。

美国国税局表示，刑事调查组将继续追查那些拖欠美国税款的个人和实体公司，对于纳税个人未申报的海外金融账户及帮助他们隐瞒收入和海外资产的金融机构，包括银行、财务咨询公司及其他专业机构等都将被列入调查的范围，并且会依法追究刑事责任。此外，调查的范围不仅是瑞士，调查组将追踪全球的资金链，重点关注那些利用复杂的金融交易手段来隐瞒真实应税所得的行为。

另外，退出国籍或放弃绿卡的人有可能会付出高额的代价，退出国籍者通常需要证明，自己在过去五年遵守美国税法，这意味着放弃国籍或绿卡时，需要考虑如何清理或补救过去的问题，因为对于大多数移民美国的高净值人士而言，隐瞒不报或虚假申报都是家常便饭。此外，对于正式退出国籍或放弃绿卡的人，在放弃身份的前一天的所有资产都被视为在出售，而美国国税局会根据相关的计算公式来计算退籍税，换句话来说，就是计算你和美国的"分手费"。脱离国籍还会带来严重的遗产税问题。美国的继承人从脱离国籍者那里继承的资产需要缴纳 40% 的税款，无论这些资产在不在美国，都要缴纳。与一般的遗产税不同，这种遗产税通常没有免税额的规定。另外，美国法律还要求政府公布放弃国籍者的姓名，很多人认为这样做让人很难堪。

总结

　　鉴于美国复杂、严苛的税务申报系统，我们建议准备移民的人士，在移民前先咨询一下相关领域的律师，提前做好自己的税务规划。另外，如果你只是想取得一个海外身份，我们建议选择无全球税务负担的国家，如新加坡或圣基茨和尼维斯联邦、安提瓜和巴布达、多米尼克等。

刘某的签证能让他在美国待多久

导读

众所周知，我们想要去美国，是需要办理签证的，而且还要根据自己去美国的不同需求，办理不同的签证，而办理成功后达到的效果，当然也是不尽相同的。美国签证分为移民签证和非移民签证。移民签证很好理解，就是移民者常提到的绿卡。拿到绿卡也就意味着你拥有了永久居住权，可以在美国居住、工作、享受福利。但此签证申请条件相当高，且手续复杂，因此很多人都采取迂回的方法，即申请流程简单的非移民签证来达到可以在美国停留的目的。不过，美国非移民签证种类繁多，最受欢迎的有 5 种——B 类、E 类、F 类、H1B、L1，且各有各的限制条件。

关于美国签证，我们到底需要了解哪些？如果我们是希望长期留在美国，那么哪一种签证更为合适？接下来，我们就为大家进行详细分析。

案例

小刘的梦想是去常春藤院校，凭借着自己的努力，终于考上了梦寐以求的美国大学。在美国学习了两年后，小刘对这片土地有了感情，希望留在美国的意愿越来越强，预想着毕业后，可以长期留在美国。跟家长和老师协商后，他果断地对未来的职业进行了规划。

小刘本以为只要自己学习成绩足够好，连年拿到奖学金就不用管签证的问题，顺利毕业后就可以进行工作。可谁知道，他的F-1签证马上就要过期，那么小刘要再申请哪一种签证，才能保证他可以继续留在美国呢？

焦点问题

关于美国签证，我们到底需要了解哪些？如果我们是希望长期留在美国，那么哪一种签证更为合适？

案例分析

首先，我们来看看F-1签证，F-1签证是指美国领事馆发放给想要在美国某学术机构全时学习的外籍学生的非移民签证。该签证允许国际学生在美国以学生身份生活，但同时要求学生必须在一个学期内出勤高于80%，满足一定的学分要求，不得在美国商业性质的公司、企业、组织内工作获取工资。这类签证面向在校的学生，并不适合毕业后想要长期留在美国的人，所以这

117

种签证已经不适合小刘了。

H-1B 签证是特殊专业人员的临时工作签证，是美国最主要的工作签证类别，发放给美国公司雇用的外籍有专业技能的员工，属于非移民签证的一种。持有者可以在美国工作三年，可以延长三年，六年期满后如果签证持有者的身份还没有转化，就必须离开美国。而且，美国移民局还要求 H-1B 签证申请人提供详细的材料，比如劳动合同，来证明合法的雇佣关系以及申请人在持有签证期间一直从事某种特殊专业的工作。如果小刘想在美国找工作，可以申请 H-1B 签证继续留在美国。而且，大部分在美国留学毕业的人想在美国找工作，都是需要这种签证的。但是，如果有人想在美国做生意或者创业，因为这类签证并非创业者可以申请，所以 H-1B 签证就不适合。

B-1、B-2 商务或旅游签证，是大家经常接触的，持有这种签证的人，一般一年内在美国待的时间不能超过 180 天。如果小刘想通过这种签证短期出境，一两周内再回美国，并如此反复的话，那就太小看美国海关人员了。这种情况，持证者会被"请喝茶"。因此，B-1、B-2 签证不适合想长期留在美国的人。

L-1 签证是外国商人到美国长期工作的入境许可之一，是美国非移民签证种类之一，主要发给外国跨国公司在美所设公司的高层管理人员。它主要是鼓励外国企业在美国做生意和投资。中国企业在美国时，L-1 签证是被派遣的工作人员在美国最常用的签证。当然，职位不同，所拿到的签证也不一样，经理或主管级别持 L-1A，普通专业人员持 L-1B。前者在美国的居留期限最长可达七年，后者在美国的居留期限最长可达 5 年。而且 L-1A 持有人的配偶和 21 岁以下子女也可随行。

但不管是 L－1A 还是 L－1B 的持有人家属，均可以在美国工作，子女也能享受美国免费教育福利。从申请实践上来看，L－1 的申请几乎不会因为"移民倾向"而遭到拒签。这类签证最大的好处是，L－1 持有人所任职的公司只要同海外母公司的隶属关系不变，并保持运营，也就是各方面都很稳定，那么一年后其可直接提出永久居留申请。提出后，其不仅不用通过申请永久劳工证的复杂程序，也无须提交额外的个人材料。可以说，申请绿卡就是一个自然进程。小刘想要获得这类签证，需要找到一家跨国公司担任高级管理人员，而且该公司在美国有子公司，凭借外派安排，小刘申请 L－1 签证就很容易了。

最后，我们提一下 E－2 签证。持有这类签证也能长期在美国生活，它也是公认的办理美国投资移民的一条快捷通道。E－2 签证是发给在美国创立或购买公司的投资者，而且投资者必须是与美国有双边投资条约（Bilateral Investment Treaty）或商务和航行条约（Treaty of Commerce and Navigation）的国家公民。美国与全球 40 多个国家签有该条约，比如格林纳达。该签证发放没有名额限制，没有任何排期。可以说，该证持有者只要为美国创造工作机会，为美国经济注入资金，并保障公司正常赢利，就能快速获得美国永久居住权。E－2 一般有效期限为 5 年，投资者只要保证公司能正常赢利，那么有效期就能无限期延长。

总结

那些想留在美国实现梦想的人，无论是想在美国找工作，还是想在美国做生意或创业，都一定要先对美国的这些签证有所了解，看看自己适合申请哪种签证，并且咨询专业的移民律师，从多方面为自己量身定制合适的方案。

英国购房税太高，怎样购买才划算①

导读

很多人关注英国在"脱欧"后的经济走势，尤其是那些在英国置办房产的人，担心房产会受到影响。此前，英国为了限制外国人"炒房"，确定了高额交易税，比如外国人在英国购买首套房产，需向政府缴纳交易总额的 2% ~ 12% 的印花税；购买第二套房产的，在此前印花税的基础上，得再缴纳 3% 的附加税，因此印花税率最高可达 15%。如此换算下来，这些税甚至能在其他地方买套好别墅。但是对英国情有独钟的人来说，为了子女的教育，以及未来生活的需要，依然会把英国作为海外移民的首选地之一。如果英国的经济受到冲击，外国人在英国的购房税很可能会更高，甚至会面临其他问题。那么，当在英国进行房产投资、移民自住，或为了下一代而购买学区房时，会遇到哪些税务方面的问题？对此，我们怎么购买才比较划算？

---

① 本文整理自王传奇 2017 年 9 月 20 日在《王昊说财富》中的案例分析。

案例

沈先生是计划在伦敦买房的中国人，他的女儿已经收到英国伦敦大学的录取通知书，于是沈先生就开始在伦敦周边物色交通方便的公寓，作为女儿在伦敦读大学时的住处。当时的计划是，女儿在大学第一年的时候，住在学校提供的宿舍里，在此期间把房子整体出租一年。等女儿大二时再搬到所买的公寓里，她自己住一间，将另外一个房间出租给可靠的同学。但沈先生听说，在英国购买房产会有高额的税务负担，比如要缴纳很高的资本利得税和遗产税，房租的收入也要缴纳一大笔所得税，所以他不知道如何购买才比较划算。

焦点问题

在英国购置房产会遇到哪些税务方面的问题？怎么购买才比较划算？

案例分析

问题一：如果在英国只是购买一个自住的总额不高的小房子，需不需要考虑遗产税问题？

首先，我们要对英国遗产税有一个基本的了解，根据英国税法的规定，英国的遗产税税率是40%，每个纳税人享有325 000英镑的免征额，如果父母把自己的主要住宅赠给子女，免征额将提高到每人450 000英镑。配偶之间的免征额是可以叠加的，比如说，配偶一方享有 325 000 英镑的免征额，夫妻双方的免征额累加在一起，那么一个家庭可以享受的遗产税免征额为 650 000 英镑。超过免征额部分的税率为 40%。

英国税法规定，以下情形可以免征或减征遗产税：死者的配偶接受的遗产不缴纳遗产税，即配偶之间转移财产可以免征遗产税。英国没有赠与税，但如果赠与人在财产赠与后 7 年之内去世，则部分财产还需缴纳遗产税；如果赠与人在财产增与后 3 年内去世，那全部赠与财产都需缴纳遗产税，只是税率会降低；如果赠与人在财产赠与之后超过 7 年才去世，则所赠予的财产免征遗产税。给慈善机构的捐款和转移给家族企业的财产也不在课征遗产税的范围之内。转移到信托内的财产会征收 20% 的遗产税，但是如果委托人在转移后的 7 年之内去世，则需要补缴遗产税至 40%。上述这些遗产税免征或者减征的规定只是大致标准，每个纳税人会因自身不同的财产状况和家庭成员之间的不同关系，有一些调整或例外情况。

因为遗产税的计算是根据净资产，贷款会在计算相应税额之前被扣除，所以我们建议尽可能地通过贷款的形式来买房。而且英国的遗产税有免征额，如果客户买的房子的总价超出免征额一点儿，这种情况下，就不用考虑遗产税，因为我们相信这个免征额会根据通货膨胀率往上提，所以对想买一个小户型的人来说，遗产税不是一个特别大的问题。

问题二：如果沈先生想购买房价比较高的房子，该怎样合法地规避遗产税？

以前在市场上有一个流行的规避遗产税的方法，那就是在耿西岛（Guernsey）、英属维尔京群岛（BVI）或开曼群岛（Cayman Islands）设立特殊目的公司，然后由这种特殊目的公司持有英国的房产，这种做法相对于以个人名义持有房产，能够规避遗产税。但是近几年，英国实行了一个新的税种，叫年度物业税（Annual Tax on Enveloped Dwellings，简称 ATED）。按照这个税种的规定，价值超过 50 万英镑的住宅，只要由公司持有，且最终由公司持有人入住，房屋持有人就需要每年缴纳 3 500 英镑至22 万多英镑的额度税。ATED 不是遗产税，政府出台这个税种，就是为了防止房屋持有人规避遗产税。最近英国的税法又有所修改，最新的立法很有可能就直接把这种房子纳为遗产税的征收对象。而且英国遗产税的税率还是比较高的，目前建议购房者尽可能地由个人持有房产，而不是通过公司，因为之前的避税效果现在很难实现了。

问题三：案例中沈先生还提到房屋租金的问题，如果在英国买的房子，暂时不住，而是将房子租出去，租金收入是否需要在英国缴纳个人所得税？

其实像沈先生这类的中国投资者很多，他们会通过把房子租出去来收取租金。如果出租人持有的是住宅房产，持有房产的个人，应该以租金收入为基础缴纳个人所得税，税率最低为 20%，最高为 45%。但有一点要注意，抵押贷款中的利息部分和房屋维护的部分可以做相应扣除，所以我们还是建议尽量考虑用贷款的形式购买房产，因为不论遗产税还是租金所得税都可以凭贷款而做相应扣除。

在英国买房涉及的税种，主要是遗产税和所得税，除此之外，资本利得税也是非常重要的税种。比如，你买了房产之后又打算卖掉，肯定希望价格比之前买房的时候有所提高，这个增值部分就是资本利得，而资本利得税的税率为 18% 或 28%。到底适用 18% 还是 28%，还要以买房人的收入门槛为准，低收入者一般为 18%，高收入者一般为 28%。但英国的资本利得税是有避税空间的，如果房屋所有人卖掉的房子是个人的主要住宅，那么可以免缴资本利得税。如果购房者打算买两套房子，不如买一套大一点的房子，然后把这个房子作为自己的主要住宅，这种安排就可以在卖出时避免缴纳资本利得税。

另外，还有一种需要按年或按月缴纳的市政税，不过这种税的税率一般比较低，而且还因房屋的面积和所住的市政区不同而有所差别。对于这种市政税，如果是不工作的在校学生，则可以申请免缴，但是要提供相关的证明。

总结

我们建议想要在海外购置房产的人，不要只在发达国家购置，有些国家，比如塞浦路斯、希腊、圣基茨和尼维斯联邦、葡萄牙等，对海外人士购房及投资都有利好政策，甚至购房者在购置相关资产后可以获得海外合法的身份。

在美国购房的税务问题①

导读

　　根据美国人口普查局的统计，全美 2015 年平均每位房屋所有人交纳的房地产税为 2 149 美元。之所以这么高，是因为美国绝大部分房产是包括土地的。也就是说，身为房东的你不仅有使用房屋的权利，你还拥有与房屋相连的土地的所有权，包括房屋地基、前后院等。但是我们不能因为看上了一片地就要去买下一栋房子，购置美国房产需要考虑很多细节，毕竟并不是所有人在购买房子的时候都不介意成本。另外，如果你想去美国买房子，相比遗产税，房产税其实不是你所需要考虑的最令人头痛的税务问题。

　　下面我们就来分析在美国买房的相关税务问题，以及在买房的时候，不同人群需要注意哪些问题。而已经移民美国的人和没有移民美国的人在买房时，到底应该怎么安排才更划算呢？

---

① 本文整理自王燮宗 2017 年 9 月 11 日在《王昊说财富》节目中的案例分析。

案例

　　李女士是中国企业家，资产上亿元，为了孩子能有更好的教育，打算带孩子移民美国，去年拿到了绿卡，丈夫周先生还没有申请美国身份，家里的资产都在周先生名下，夫妻二人最近商量，想在美国购买一套房产，但不知道该将此房产放在谁的名下。

焦点问题

　　在美国购置房产，怎么购买比较划算？

案例分析

　　问题一：从税务角度考虑，在美国买房子是以外国人的身份买还是以绿卡持有者的身份买更划算呢？

　　我们的建议是用绿卡身份买房，因为绿卡持有者对美国税务局来说是美国人，拿到绿卡的人也能享受美国的一些税收政策。但是，如果你目前还没有美国身份，而且希望房产落户在自己名下，那么对于美国税务局而言，你就是外国人，你不得不面对遗产税的问题。很多人都纳闷儿，美国的遗产税是针对美国人征收的，自己是外国人，为什么要考虑遗产税的问题呢？其实美国的遗产税适用于美国人，以及在美国拥有某些财产的外国人。说到这里，你也许会问，美国的遗产税不是有免税额度吗？没错，根据美国税务局的数据，美国的遗产税 2018 年的免税额度是 1 118

127

万美元，但这个额度是针对美国居民的，对于非美国居民的投资者，也就是外国人，遗产税免税额度只有6万美元。根据美国的相关税法，非美国居民在美国的资产超出6万美元的部分，在其死亡时，要缴纳40%的遗产税，即在美国持有的房产就属于需要缴纳遗产税的财产。所以，像李女士这种情况，自己是美国身份，丈夫是中国身份，单纯从规避遗产税的角度考虑，我们建议用她的身份来买房。

问题二：如果购买总价比较高的房产，从税务和财富传承的角度来看，是以个人名义买还是以公司名义买更好呢？

如果李女士一家准备在美国购买总价非常高的房产，而且考虑到李女士名下还有其他资产，适用于美国人的遗产税的免税额度对她来讲可能都不够用。在这种情况下，我们会建议李女士用公司而不是个人名义来持有房产。另外，如果李女士一家有财富传承需求，在公司之外还需要设立复杂的家族信托架构。

问题三：在美国买房的时候，付款方式有没有什么需要注意的问题呢？

在美国买房通常有两种付款方式，一种是电汇的方式，另一种是银行汇票的方式，银行汇票的前提是你能在美国银行开户，但在美国银行开户不是一个很简单的事情。买房通常是一次性支付，不能分期付款。要注意一个问题，在美国买房的时候，大家谈好条件后，会指定哪一天来关闭这个交易，也就是说，在那一天，买卖双方以及双方的律师会正式签合同并一次性付款。这其中如果涉及银行贷款，银行当天会把钱汇到卖方的账户里，以上就是美国买房大致的程序。另一个大家要注意的问题是，在美国买房之前要把所有的资金准备好，如果资金需要汇到国外，也要提前准备好。另外，大家要把结构搭建好，比如用公司名义买房，就要把相应的结构都安排好。

问题四：美国的房产税是如何计算的？如果客户购房之后考虑维护房屋的成本，房产税是否是其中一项比较大的开支？

我们觉得房产税在成本方面不应该是一个主要的考虑因素，因为房产税占整个买房成本的比例还是比较小的，主要成本是房价本身和房屋贷款利息。房产税税率是 0.5% ~ 2%，因地区不同而有差异，比如纽约、曼哈顿，房产税税率比较低，但是房价高。而佛罗里达州和美国的南部，房产税税率为 1.5% ~ 2%，但是房价比较低。另外，美国有联邦税、州税和城市税，但佛罗里达州没有州层面的税，所以生活成本会比纽约低很多。

总结

我们要提醒想在美国购房的朋友，如果可以，最好尽量避免银行贷款购买。银行为了可以顺利拿回房贷、保障房屋安全以及确保放贷者可以按时交纳房产税，会要求放贷者设立代管账户，替房贷者交纳房产税及房屋保险费用。如果客户是自己直接交纳房产税及房屋保险费，银行往往会提高房贷利率 0.25 个百分点。

第四章 家族信托与财富传承

如何打破"富不过三代"的魔咒

导读

俗语说:"富贵传家,不过三代。"但是总有个例,正如整整辉煌了一个世纪的洛克菲勒家族。从石油大亨约翰·洛克菲勒(John Rockefeller)开始,到现在的200多个洛克菲勒家族成员,整整六代的辉煌历史是许多富豪家族可望而不可即的,他们的财富传承秘诀是什么呢?

案例

洛克菲勒家族的第一笔巨额财富来自19世纪约翰·洛克菲勒创办的美孚石油公司(Mobil)。1859年,老约翰敏锐地从宾夕法尼亚州打出的第一口油井里嗅出了石油的潜力,在此后石油繁荣的年代,他又创办了标准石油公司(Standard Oil),这家公司几乎垄断了美国的石油行业,从而奠定了洛克菲勒家族的财富基础。老约翰于1937年辞世,成就了洛克菲勒家族第一代的辉煌,留下了外界估值达14亿美元的财富,相当于当年美国GDP

的 1.5% 。所以，他称得上是"业界爱因斯坦"。在家族财富传承方面，他的儿子更胜一筹，借助财富规划手段——信托，辅助整个家族财富的延续，使得洛克菲勒家族财富成功传承六代。

焦点问题

洛克菲勒家族成功传承六代的秘诀是什么？

案例分析

第一代的洛克菲勒虽然拥有近 5 亿美元的家产，但膝下只有一个儿子，所以他的这些财产都留给了小约翰·洛克菲勒（John D. Rockefeller Jr.）。然而，时代在变化，美国随后不久三次上调遗产税税率，从最初的 10% 上调至 25% 。这使得成年后的小约翰·洛克菲勒需要思考更多的问题。他不仅考虑到，家族里不是每个人都适合经商，他还通过父亲在他小时候，就带他到炼油厂磨炼的幼年经历，认为要多锻炼孩子的独立能力，不能让孩子过于依赖家族的财富和资源。因此，洛克菲勒选择了家族信托的方式传承财富。

家族信托起源于 12 世纪的英国，是指委托人与受托人签订契约，委托人将持有的各种形式的财产的所有权转移给受托人，由受托人按照委托人的意愿并以自己的名义投资管理信托财产，在委托人指定情况下分配给受益人，以实现委托人家庭财富管理、传承和保护的目的。洛克菲勒家族的信托结构是比较复杂的，而且因为家族信托的私密性，我们目前也只能从仅有的资料中窥见一二。

现有的公开资料显示，1934 年，小约翰 60 岁，他作为委托人，为妻子及六个子女第一次设立了不可撤销信托，受托人是大通国民银行（Chase National Bank），受益人为妻子和六个孩子。在 1952 年其 78 岁的时候，他又为他的孙辈，分别设立不可撤销信托，受托人是诚信联合信托（Fidelity Union Trust）。在法律上，信托财产的所有权和受益权分开，委托人把财产转移到家族信托后，即丧失该财产的所有权，因为这些原本是委托人的财产都变为信托财产，而受益人只有信托财产的受益权。据悉，小洛克菲勒还另外设立了由五个人组成的信托委员会，并给予其处置资产的绝对权力。信托受益人在 30 岁之前只能获得分红收益，不能动用本金，30 岁之后可以动用本金，但要家族信托委员会同意。受益人去世，信托财产的本金，会自动根据预先设定的规则传给受益人的子女。这样，家族的资产就不会因为代与代之间的传承、继承人的争夺等问题而被分割和减少。

洛克菲勒家族信托显著的特点在于小洛克菲勒在信托架构中设立了一个由五人组成的信托委员会。委托人设立信托，财产所有权在法律上转移到受托人名下，委托人的一个很大顾虑可能是信托的受托人会挪用、挥霍甚至侵吞信托财产。此时，洛克菲勒家族设立一个由部分家族成员、第三方独立律师、会计师等人组织成的信托委员会，充当信托保护人的角色，监督受托人忠实地履行信托条款的情况。信托委员会承载委托人的意志，并最大限度地执行委托人的意愿。

到了第三代，洛克菲勒家族依然人才辈出，在他们之中，有美国副总统、摩根大通银行董事长、大慈善家、风险投资业开创者等。家族财富成功传承归功于信托制度的优势。根据需要，家族可以为每个后代成员或每个小家庭分别定制一个信托，交给同一个受托人管理。这种机制使得家族财富始终是一个整体，可以集中管理和使用，家族企业既不会因为后代增多、分家而变小或终止，也不会因为财富代代传递而被逐渐分割成若干个部分，而是可以发挥规模优势，获得更好的经济效益。

总结

数据显示，越来越多的中国高净值人士设立了家族信托，而这种趋势在不断加强。和我们通常理解的作为理财类型的信托产品不同，家族信托更像一种保护机制，让家族财富甚至企业运营免于不确定性的冲击。设立家族信托后，即便委托人出现离婚、死亡等意外情况，用于设立信托的财产都不受影响，从而能更好地将家族财富传承下去。

家族信托能否规避家族财产的纷争

导读

随着全球经济一体化，全球高净值人士数量和财富总值都在持续增长，而发展空间更大的中国，增长势头更为迅猛。与此同时，随着年龄增长和个人财富的不断增加，以及国内法律和税务制度的逐渐完善，越来越多的高净值和超高净值人士开始担忧投资、婚姻、传承、健康中的各种潜在风险。这意味着，每一个大家族，都需要面临家族财富管理与传承的难题。只是家族信托虽然在解决这些难题中有着不可动摇的地位，但家族信托到底可以起到什么作用？真的可以避免相关的冲突吗？

案例

房地产集团创始人罗先生和太太杜女士婚后共养育了九个儿女，六子三女。罗氏家族，向来以低调而闻名，父母严格，子女谨慎。女儿们结婚以后，生活幸福。六个儿子，或独立门户，或留在家族企业，各有成就。罗先生早在 20 世纪 80 年代，就成立了家族信托，管理并持有集团 33.48% 股权的庞大资产。保守估计，此集团市值约 630 亿元，重要物业均处于中国香港核心地带。而这份信托，除了妻子杜女士外，罗先生的六个儿子中，只有五个是受益人，二儿子被排除在信托之外。集团的继承人，从老大换到老二又换到老三，在罗先生过世后的数年内，罗氏家族内部表面上风平浪静，实则暗流涌动。与此同时，罗先生的遗孀杜女士状告家族信托的受托人汇丰国际信托公司，要求该受托人交代账目，赔偿损失，并申请撤换受托人，希望将 600 亿元资产取回，重新分配，这引起了整个家族的震惊。六个儿子分成两派，赞成派和反对派。之前没分，或者少分的，自然赞成；而多分的，自然反对。

焦点问题

家族信托在家族财富传承中到底起什么作用？

案例分析

家族信托设立后，发生诉讼是很常见的情况，委托人过世后，受益人之间有可能产生矛盾，而受益人和保护人之间，受益人和受托人之间，也会随着时间的流逝，产生各种各样的争执。但是争执归争执，如果家族信托设立时结构设计严谨，而且选定的受托人对信托的执行和运作足够专业，对家族内部可能产生的问题有足够的预见性，那么各方受益人出于自身利益的纷争，几乎不可能颠覆家族信托的整个架构。

遗嘱、基金会，能管理财富，却管理不住财富对人心的蛊惑；信托能抵挡清算、破产、离婚带来的危机，却避免不了同根相煎。事实上，没有任何财富管理工具可以杜绝财产纷争。信托起到的作用，就是让家族内斗的后果，变得没有那么严重。因为如果没有信托，家族财产纷争最后可能导致家族企业被清算，使父辈打下的基业消失。避免纷争的根本之策，是改善家庭关系，促使家族和睦。父母对子女的培养，不应该仅是提高他们自身的能力，还需要培养他们对家庭的责任感以及对亲情的珍视。

总结

守业比创业更难，早早做好财富规划是财富传承之道。利用家族信托、保险、基金会隔离部分财产，并做好财产的分配和规划，是必不可少的一步。

设立家族信托后，是否就可以一劳永逸

导读

很多遗嘱受益人都曾经上法庭挑战遗嘱的效力，而且此类案子大多最终以遗嘱无效而告终。因此，如果一个家族过于庞大、分支众多、关系复杂，那么在配合遗嘱的情况下，设立家族信托就很有必要。但设立了家族信托就不会遇到其他问题了吗？

案例

2015 年，泽西皇家法院审理了一起非常耐人寻味的家族信托争议案件，其判决结果也是史无前例的。而打这场官司的，是一个美国大家族，因此也不难想象，其家族内部的复杂程度。公开资料显示，这个家族设有两个家族信托，设立人均为父亲，他同时是两个家族信托的保护人。根据信托条款的规定，两个信托的保护人都有变更、任命受托人和保护人的权力。因此，在父亲决定卸任之际，他指定了新的信托受托人，并任命了两个儿子作为两个信托的新保护人。然而，作为受益人之一的女儿，却不同意父亲的做法，主要的理由是，她与家族成员素来交恶，甚至与他们在美国国内"对簿公堂"，因为彼此间存在利益冲突。与此同时，她甚至表示，担任新保护人的兄弟俩根本没有实现经济上的独立，他们仍依靠父亲的支持过日子，对父亲唯命是从，所以她请求法院来定夺。

焦点问题

设立好的信托还会出现问题吗？

案例分析

该案例是关于美国一个大家族的故事，它让我们看到了家族信托内部的复杂性，以及大家族内部可能存在的矛盾和纠纷——最常见的无疑是亲人间的利益相争。

首先，泽西皇家法院认为，信托保护人重新任命受托人和保护人时，应该遵守四个原则：以受益人的利益为优先、必须合理行事、仅考虑重大相关因素、不应出于不明目的而为之。其次，法院认为从诉讼中，不难看出女儿与其家人间存在经济利益冲突，因为女儿指控其兄弟在治理家族企业时，涉嫌伪造、欺诈、违反诚信等问题；法院还发现，两个儿子无法证明他们能够独立做出中立的决定。最后，泽西皇家法院认为，两个儿子无法承担作为保护人应尽的责任及义务，而父亲的决定无疑是一个不合理的行为。因此，为了信托本身及其受益人的利益，泽西皇家法院根据上述四个原则和家族中亲人之间的关系来分析，判决有关受托人和保护人的任命无效。

信托保护人的作用大多是为了牵制受托人、受益人，避免他们恣意妄为。法律法规对保护人的权力并未做出详细的强制性描述，家族信托的保护人的权力多由委托人在信托文件中规定。为了使家族信托能够实现家族财富传承和管理的目的，家族信托的保护人往往被赋予较为广泛的权力，包括增加受益人、更换受托人、对受托人的行为及信托运营情况进行监督等。如果保护人拥有相当大的权力，甚至与委托人的权力相同，那么一旦委托人指定的保护人无法承担保护人应尽的职责和义务，那么就无法起到保护受益人的权益及信托财产的作用，这对于家族受益人的权益乃至家族财富的传承都是非常不利的，也违背了设立家族信托保护人的目的。

在上述案例中，如果担任新保护人的兄弟俩根本没有实质上的独立能力，甚至仍依靠父亲的支持过日子，他们就无法说服大家相信他们能够独立做出客观中立的决定，那么，将来当他们担任了保护人，如果不能履行保护人相应的义务，势必会对信托利益及受益人的权益造成侵害。

一直以来，离岸地区的法院通常不愿过多干预私人信托的内部运作，除非是在必要且必需的情况下才会介入。而这次判决结果预示了泽西皇家法院审理类似案件的一个重大趋势，从泽西皇家法院最新的判决结果不难看出，该案向有权任命受托人及保护人的人传递出一个重大的信息——当他们行使任命权时，都应该本着善意，并合理考虑各重大相关因素来指定新任受托人或保护人，否则法院如果认定，任命将可能成为影响信托运行的重大障碍，那么出于保护信托及其受益人的利益，会判定该行为无效。

总结

　　我们要提醒保留任命权力的信托保护人或信托委托人，应该高度注意自己的行为，以免面临任何不必要的风险和挑战，更应该关注相关重大判决或者咨询专业人士的意见，以搭建一个完备的信托架构。

设立家族信托后，再也不用担心离婚了吗

导读

离婚时的财产分割，一向是人们所关注的重点。尤其是在2018年《婚姻法》有新规后，如何保障自己的财产安全，如何保障自身的权益，更是很多人纠结的问题。

有人认为，设立信托就可以完全将自己的资产隔离，不会受到婚姻破裂的影响。可是随着挑战信托权威的案例越来越多，我们真的可以不被波及吗？在离婚过程中，就算财产可以避免被对方分割，但也可以避免被法定继承人窥视吗？信托可以在离婚过程中避免被挑战，甚至避免被法定继承人挑战吗？

案例

新西兰最高法院在对某个家族信托的判决中，提出了一个观点——一些家族信托的架构，可能再也无法保护信托中存放的资产，致使财产受到配偶及其他债权人的挑战。而促成这种观点形成的案件，是源于一场离婚官司中的财产分割纠纷。

当时，两位当事人为了可以得到家族信托持有的大量婚内共有财产，恶言相向、对簿公堂。两个信托的总价值高达2 800万新西兰币，而最惹人注意的是，作为主要家族成员的前夫，不仅是其中一个信托的委托人，还同时是单独的受托人，而且对于受益人可以行使自由裁量权。可以说，同时身兼委托人、受托人的前夫，在信托设立之初，就已经赋予自己可以移除其他受益人的自由裁量权，将信托所有的收入和本金都分配给了自己。

这使前妻对这份信托提出了挑战。她认为前夫拥有绝对支配权的信托财产应属于关系财产（relationship property），根据新西兰的相关法律，在分居或离婚时，若当事人在财产分割问题上协商失败，则可以由法院介入做出裁决。

在经最高法院口头审理后，双方决定私下和解，但考虑到该案的重要性，法院仍决定公开判决。在判决中，我们发现最高法院对于前妻的主张表示赞同，法院认为前夫不受拘束的权力无异于拥有了信托财产的所有权，且该财产确实属于关系财产，因为那些财产都是他们在婚姻关系存续期间取得的。

焦点问题

离婚时，信托会因为哪些原因被挑战？

案例分析

通过案例，我们可以看出，虽然最终以双方当事人和解收场，但新西兰最高法院提出的这个观点，使得日后信托财产受到来自配偶及债权人的挑战成为可能，让那些希望通过离岸信托来隔离婚姻及债务风险，却又保留大量实质控制权的人，可能无法如愿以偿。

实践中，很多委托人通过保留对信托财产的实际控制权来获得安全感。虽然委托人保留权利的信托是合法的，但是来自配偶、债权人、税务部门等的挑战，很可能会导致信托无效。尤其在涉及全球资产配置时，设立境外信托意味着将财产交给了陌生的信托公司，不论这个公司声誉有多好，委托人在心理上都会有不信任感。保留对信托财产的实际控制权也可能是为了别的目的——比如案例中，委托人通过保留控制权而意图在离婚时排除配偶对共同财产的所有权，在这种情况下，信托被判定为无效的可能性就更大了。

那么，我国对类似案件又将如何判决呢？《信托法》第十七条规定："除因下列情形之一外，对信托财产不得强制执行：设立信托前债权人已对该信托财产享有优先受偿的权利，并依法行使该权利的；受托人处理信托事务所产生债务，债权人要求清偿该债务的；信托财产本身应担负的税款；法律规定的其他情形。"从以上规定来看，我国信托的设立与国外信托的设立不同，不存在案例中对委托人保留控制权的排除规定，所以案例中的情况如果发生在我国，所设立的信托并不一定会被挑战成功。而且，我国法律并未对信托的撤销有过多规定。《信托法》唯一提到"撤销"的是第十二条，即"委托人设立信托损害其债权人利益的，债权人有权申请人民法院撤销该信托"。

总结

设立家族信托的目的是为家族财富的传承筑起一道防火墙，如果想要利用信托将夫妻共同财产据为己有，就离岸信托而言，很可能会使"阴谋破产"。婚姻生活的维系需要双方的共同努力与付出，婚内财产理应归夫妻共同所有。一份合理合法的信托才会为家庭财富的传承保驾护航。

在资产全球化配置的大环境下，"不能把鸡蛋都放在一个篮子里"的理财口号得到了越来越多高净值人士的认同，我国越来越多的富豪选择在境外设立信托，以期保障资产安全，但境外法律体系烦冗复杂，语言交流存在障碍，一不小心就有可能因为心里的"小九九"踩中陷阱，设立了一份有瑕疵的信托。一旦信托出现问题，补救起来可就没有那么容易了。因此，在这里，我们还是要提醒广大高净值人士，在设立境外信托前应了解自己的风险情况，必要时应该适当减少控制权的保留，为将来留有足以变通的余地即可，这样才能有效保护财产。

设立家族信托能够避免债权人追索吗

导读

对于众多高净值人士来说，家族信托就像一把万能钥匙。它可以随心所欲地被设计成完全适用家族或自身情况的状态，为信托内的资产和受益人提供牢固的风险防范。但是始终保障受益人利益最大化，永远是悬在信托设立者头上的一把利剑，而人的狡诈和贪欲也会因为这把利剑的存在而最终有所收敛。那么，我们要如何正确认识财富规划的真正意义呢？

案例

A 银行股份有限公司 A_1 分行于 2017 年 6 月 26 日，向甲市高级人民法院申请财产保全，该申请被法院裁定为符合法律规定。甲市高级人民法院的具体裁定内容为：冻结 B 移动香港有限公司、C 移动智能信息技术（北京）有限公司、D 控股（北京）有限公司和贾某及其妻名下银行存款共计人民币 12.37 亿元。除此之外，6 月 29 日，甲高院还冻结了 D 控股（北京）有限公司在 E 信息技术（北京）股份有限公司（上市公司）的全部股权及红利，而且判决这项裁定立即执行。

要知道，在 2015 年 11 月，D 控股（北京）有限公司和 A 银行 A_1 分行举行了一场战略合作仪式，双方在综合授信、现金管理、财务顾问、国际业务等多方面达成长期战略合作。并且，A 银行 A_1 分行将向 D 控股（北京）有限公司及旗下公司，提供 100 亿元战略性全球综合授信额度，满足 D 控股（北京）有限公司国内外业务的资金需求。可以说，该公司获得了 A 银行 A_1 分行最大的授信金额支持，却因为一笔内保外贷业务，双方走到了今天的这个地步。A 银行 A_1 分行公开表示，采取上述法律措施，源于 D 控股（北京）有限公司旗下的 B 移动香港有限公司贷款发生欠息，且银行多次催收无果。这并不是贾某第一次陷入财产冻结危机。自 2016 年 11 月以来，当 D 控股（北京）有限公司陷入严重的资金危机时，就有多家与其有债务往来的公司，向法院提出申请财产保全。

焦点问题

贾某如果在危机前就运用购买大额保险、设立信托这样的财富规划方法，那么即便面临资产被冻结的危机，也不会像现在这样被动。

如果贾某当初设立了家族信托，就一定能够避免债权人的追索吗？

案例分析

财富规划必须讲究方式方法，并不是说，只要购买了大额保单或者设立了家族信托，就必定可以使财富与风险隔离。

我们先来说说大额保单。近几年的保险业务迅猛发展，一定程度上，是由于大额保单的风险隔离功能被大力宣传。其依据是《保险法》第二十三条的规定："任何单位和个人不得非法干预保险人履行赔偿或者给付保险金的义务，也不得限制被保险人或者受益人取得保险金的权利。"但客观地说，并非所有的大额保单都具有风险隔离功能。虽然它具有财富规划的优势，但若要实现风险隔离的目的，还需要注意，尽量避免将债务风险高的家人作为投保人。

其实，很多人对于家族信托的认识是：家族信托可以规避因法律诉讼而导致的资产被查封、冻结的风险，它不受委托人及受托人死亡或者依法解散、被依法撤销、被宣告破产的影响。但必须注意的是，家族信托的种种优势，其前提都是信托的成立不存在瑕疵。那什么是瑕疵呢？比如，存放于信托中的财产是不合法的，那么信托应当是无效的，自然也就不存在财富规划的功能了。再比如，信托的设立损害了债权人的利益，债权人可以申请撤销信托。也就是说，用于设立信托的财产，须是委托人的合法财产，并且委托人不会因为信托的设立，而导致其资产不足以覆盖其债务。如果不存在这些瑕疵，那么家族信托的财富规划功能一般也就能够实现了。说到这里，我们就不得不说一下《信托法》中提及的一种状况，即债权人申请撤销信托，但信托利益已经分给善意受益人，且极有可能很难追回来。对此，我们举个例子，一位父亲在欠银行钱的情况下，设立了 1 亿元的家族信托，之后很快把 8 000 万元作为信托利益分配给了儿子，而儿子并不知道这个信托的设立损害了银行的利益，即儿子是善意受益人，银行作为合法的债权人，即便成功地申请撤销信托，也只能追回信托财产中剩余的 2 000 万元。

当然，如果债权人遇到这种状况，就要想方设法举证，证明信托的设立损害自己的利益，并且需要足够的证据证明，信托的设立导致委托人丧失偿债能力，即一旦找到无懈可击的证据，就可以提起诉讼继续追债了。

总结

广大高净值人士一定要注意，财富规划工具（如大额保单与家族信托等）有各自的优势，要根据具体的财富规划目的来选择。

家族信托会被债权人挑战吗

导读

家族信托，可以称得上是财富管理的上上工具。在资本界，但凡是面临高风险的企业家，都会运用家族信托来保护财富，防患于未然。

不过，越来越多的案例使人们发现，家族信托能真正发挥作用的前提是，信托的资金来源和设立程序是毫无瑕疵的。也就是说，所设立的信托并非恶意避债，或者涉及其他不合法的行为。

如果所设立的信托，是在被彻底追债前设立的，那这种不牵扯恶意避债的家族信托，是否仍然可能被挑战？

案例

C 国领导人 A 上任前，很多金融寡头都深入 C 国的政治运作中，并与许多政客、商人有利益关联，将大量国有企业资产收入私囊，并转移到海外。C 国企业家 B 就是其中之一，他还暗中操作，创立了自己的银行。A 上任后，为巩固执政地位和维护金融秩序，对寡头们开始采取了管制措施，极力摆脱他们干预的同时，又极力追缴转移到海外的国有资产。正在这个时候，A 希望借助 B 丰富的银行从业经验，为其出谋划策。可是，A 没想到的事情发生了。2004 年 6 月公开资料显示，B 从其创立的私人银行离开后，很快成立了新的公司，将银行原有的国有资产转移到新公司，随后又通过一系列的资本运作手段，掏空了由他一手创办的银行，将资金转移并购置了大量国外资产。

但是，纸终究包不住火，由于 B 的私人银行无法按期偿还抵押贷款而被调查。调查结果显示，该银行早已成为空壳，其超过 99% 的资产均为借债。几个月后，C 国仲裁法院宣布该银行破产。

为了逃避政府对财产的清算和追缴，B 在 2009 年加入他国国籍，三年后放弃了 C 国国籍。他在彻底放弃 C 国国籍前，也采取了一系动作，包括辞去政府职务，出售位于 C 国的大量资产等。但 C 国相关机构也在银行破产案中对其加紧追索。因为当时 C 国与 Y 国正处在经济冷战之中，如果能将 B 转移的大量资产追回，在这场与 Y 国的较量中，C 国将如虎添翼。

于是，银行的清算人员开始行动，试图冻结 B 的全球资产。但直到 2013 年年底，他的瑞士银行账户才被冻结。早在 2011—2013 年，他就在新西兰设立了五个以自己名字命名的信托，以保留在伦敦、瑞士和法国的价值 9 500 万美元的资产。由此一来，即便法院下达了针对他个人的全球资产冻结禁令，也无法触碰他信托内的资产。

可是千算万算，B 强大的控制欲使其在信托的设计上事与愿违。在他所设立的五个信托中，身为委托人的 B，同时也是保护人和受益人。由于保护人拥有无理由更换受托人的权力，当年针对他的全球资产冻结禁令一出，身为保护人的他就立马变更了最初的受托人，希望可以更好地控制相关资产。但最初的受托人却站出来，向新西兰高等法院上告，要求其说明解雇的理由。这一举措让 C 国的债权人找出了破绽。因为债权人要想获得债务人信托内的资产，就必须要证明其信托是虚假的，或者证明债务人仍然对信托内的资产有着实质上的控制。而 B，既是委托人、受益人，又是拥有强大权力的保护人，这就足以证明，他拥有这份信托内资产的所有权和绝对控制权。

焦点问题

家族信托在什么情况下会被认定为有恶意避债的倾向？

案例分析

设立离岸家族信托时，上述信托结构的设计，被很多资产较多的人士所采用。他们虽然喜爱信托的资产保护功能，但是又不能彻底放弃对资产的控制，于是就有了委托人保留权力的种种设计，或者将所保留的权力通通交给保护人，而自己又担任保护人的职务。然而，这种看似坚固的设计，却会被债权人找到漏洞。毕竟，设立信托的意义就在于，这笔钱不是自己名义下的，不能作为遗产，也不能作为普通资产肆意挪用。可一旦这一条件不复存在，即信托中的资产与手中普通资产无异，债权人就会提起诉讼继续追债。因此，关于 B 的这项判决，算得上是债权人在面对债务人的信托时的新解决角度。

总结

法院对 B 的判决对信托设立人、财产保护人、受托人以及其他相关的财务顾问和私人客户等都产生了深远的影响。设计信托时，寻求权力制衡是重中之重，因为不加约束的权力，可能导致整个信托在设立之初就被视为一个虚假信托，或存在容易被攻破的漏洞。利用信托进行财富传承，需要委托人向受托人"放权"，不能过分强调自己对信托财产的实际控制权，否则一旦出现债权人挑战信托合法性的情况，上述事实就会成为债权人挑战信托的理由，导致信托面临被撤销的危险。

信托中的财产可以不被追缴吗

导读

信托之所以被很多高净值人士所推崇，是因为它的优势明显。比如说，它不仅能够避免因子公司破产对家族整体资产的影响，也能明确划分子女所能享受、拥有的利益，使得他们无法窥视其他人的那一份。最重要的是，一旦信托将自己的资产隔离到第三方，无论自己发生什么情况，都能够将这笔资产保护起来，继续按照自己的意愿传承下去。但是有人不禁疑惑，信托的独立概念如此权威，如果里面放置的是赃款，是否也不会受到影响？也不会被查封？

案例

在电视剧《人民的名义》中，高小琴是山水集团的董事长，与高小凤是双胞胎姐妹。剧中，高小琴用山水集团香港公司的 2 亿港币在香港设立了一个信托，信托的受益人是她的儿子和外甥。根据剧情，高小琴起家于山水庄园，是通过贿赂某官员，先将每亩原价值 60 万元的非商业用地以每亩 4 万元的价格买入，再把土地转为商业用地抵押给银行，换取 8 000 万元银行贷款。而高小琴在该剧最后的结局是，因犯行贿罪、非法经营罪，被判有期徒刑 15 年，没收个人财产 7 亿元，并处罚金 12 亿元。

焦点问题

高小琴入狱后，她为孩子设立的家族信托真的不会被追缴吗？资金到了香港就合法了吗？

案例分析

首先，我们要先了解高小琴为什么选择家族信托而不是大额人寿保单。从高小琴为孩子们设立家族信托来说，她其实还是很有财产规划意识的，她知道若东窗事发，自己和妹妹就不能照顾孩子，所以提早做了打算。换句话说，高小琴设立信托是为了保障孩子们的生活，因为信托起到财产规划、财富传承的作用。比如，她可以在给孩子们设立信托的合同中，对信托中的资产和利益如何分配设置一些条件，比如 18 岁成年以后拿到多少钱，考上大学后拿到多少钱，将来结婚、购房、患病拿到多少钱等等。这样的话，即便高小琴与她妹妹受到法律制裁，信托也可以保证孩子们的正常生活。

其次，信托一旦设立成功，转进去的资金就已经和委托人没有任何关系了。委托人在合法设立信托后，信托内的财产独立于委托人自身的财产，信托财产的独立性具有风险隔离、代际转移、传承和契约化管理等优势。在民事诉讼对信托财产进行挑战的案例中，委托人的继承人或债权人都很难获胜。换句话来说，放入信托里的钱已经不再属于高小琴了。但是如果高小琴自己出面作为投保人买保险，即使仅把两个孩子列为保险的受益人，保单也会算作她的个人财产。那她一旦被调查，她名下的财产都会被追讨。

尽管信托财产具有独立性，但是若信托的委托人触犯法律，并且信托中的资产系非法所得，信托中的财产依然能保持独立性吗？

我们来看另一个有关离岸信托的案例。几年前，一名自称是J国的商人在拜访泽西岛的一家信托公司后表示，他有意为其妻子和孩子设立一个家族信托，称其资产全部是其做生意的收益，而信托公司在做背景调查时也没有发现问题，于是为其顺利设立了家族信托。可不久后，信托公司的员工看到一份英国法院针对一项行贿罪的判决，其中所提到的受贿人的名字与国籍都与那名商人相同，而这个人的真实身份是J国的一位政府官员。于是，受托人非常紧张，为了确保这个已经设立的信托可继续存续，在第一时间联系了该委托人。可是，不论是打电话还是发邮件，该委托人都没有联系上。而信托公司为了自己的名誉，向当地的法院起诉，要求法院确认那名商人的身份。法院在调查后认为，有超过50%的证据证明，该信托委托人的实际身份就是前述判决中提到的政府官员，于是判定该信托的受益人由该委托人的妻子和孩子变为J国政府。此后，该信托是继续存续还是全部资产分给受益人，都由J国政府决定。

所以说，虽然信托财产具有独立性，但并不意味委托人可以忽视法律。信托主要是用于保护和管理个人或家庭的合法财产。《信托法》规定，"信托目的违反法律、行政法规或损害社会公共利益"，以及"委托人以非法财产或者本法规定不得设立信托的财产设立信托"的，信托无效。信托无效指的是自始就没有产生信托行为。此外，《中华人民共和国刑法》第六十四条规定："犯罪分子违法所得的一切财物，应当予以追缴或责令退赔。"中国香港地区则规定，信托创立人在建立信托前须签订资金证明书，确保其资金源自合法途径。因此，不论信托是设立在中国内地还是中国香港，信托财产的合法性都是先决条件。从《人民的名义》中可以了解到，高小琴设立信托的资金来自山水庄园项目，如果其资金被裁定为非法所得，那么高小琴所设立的信托将无效，其中的 2 亿港币应当予以追缴。当然，如果放入信托的 2 亿港币合法，信托财产的所有权转移给受托人，是不会被强制没收的，两个孩子也会在他们的成长过程中得到应得到的照顾。

总结

很多贪污腐败分子认为，选择海外的离岸法域藏匿非法所得非常安全。但是，如果委托人放入信托的财产是非法收入或是所谓的问题资产，其所设立的信托将无效。信托无效或被撤销，则不产生财产隔离和转移的法律效果，信托中的财产将不具备独立性。因此，虽然选择利用信托制度来隔离财产确实有着诸多优势，但其前提是财产合法。

保险与保险金信托，在财富传承功能方面的差异

导读

随着人们对保险的需求越来越大，各大保险公司开始有所行动，根据不同用户的需求，推出不同的保险产品。而且为了吸引中高净值客户，保险公司的产品宣传大多从财富传承的角度出发。比如，父母为了避免子女挥霍财产，可以以年金或者分红的方式，逐步向子女交付财产；又比如，死亡保险金属于个人财产而非夫妻共同财产；此外，有保险公司表示，保单不会被强制执行。不得不说，这些宣传确实吸引了不少有需求的人，可是既然大额保单这么好，为什么还有大量的人选择家族信托来进行财富规划和传承呢？大额保单和家族信托两者之间是否存在区别？哪一个的功能更具备优势呢？

案例

李某48岁，经历过职场摸爬滚打和人生跌宕起伏的他，早就坐拥千万元。李某认为自己年岁已经不小，又刚得一子，万一

发生意外，后果不堪设想，所以希望可以给家里留下一些财产，保障母子的生活。于是他找到保险代理人咨询，代理人建议买一份大额身故保险，投保人和被保险人为李某，受益人则是孩子，以此为孩子将来的生活提供保障。李某考虑后认为可以，毕竟自己的一切最终都是要留给孩子的，这样也许是最好的安排。但李某又考虑到，万一自己发生意外，孩子没到 18 岁怎么办？到时候妻子会以法定监护人的身份控制这笔钱，虽然这笔钱本身也是为他们以后的生活给予保障，但万一妻子和孩子不能理性支配这笔保险金，又该怎么办？对此，有人建议他设立保险金信托。

焦点问题

保险与保险金信托在财富规划和传承方面有何区别？

案例分析

通过案例，我们知道李某是身故保险的投保人，也是被保人，其子是受益人。可以说，这一保单的根本目的是，李某在身故后，可以留存足够的资金，用于孩子未来的生活、教育等。但身故保险金一般是一次性支付给受益人，如果到时受益人还不具有独立的理财能力或拿着钱去挥霍，又或者妻子作为法定监护人，滥用保险金，那李某留下的保险金就未按照他的意愿使用。

如果李某采用保险金信托的方式，那么情况就大不一样了。

所谓保险金信托，是指投保人在签订保险合同的同时，将保险合同中的保险金作为信托财产，设立信托。一旦发生保险理赔，信托公司将按照投保人事先对保险金的处分和分配要求管理、运用资金，并于信托期间或终止时，将信托利益分配给信托受益人。保险金进入家族信托，就可以规避此前李某所担心的问题。李某可以在家族信托合同中，对保险金的分配设置一些条件，并做出详细的规划，比如，在其子成年前，每年可以支付多少学习和生活费用，又如留学、结婚、生育、购房、患病等可一次性获得多少信托利益等。当然，李某作为家族信托的委托人，在设立好保险金信托后，他还能选择保留修改信托的权力或更换、添加受益人的权力。李某若觉得孩子游手好闲、肆意挥霍，可以通过修改受益人，或者限制受益人受益等规则来约束他。

我们所说的保险金信托，在国内通常被称为保险金信托1.0 模式，即信托的委托人同时作为保单的投保人和被保险人，换句话说，只有保单的投保人和被保险人一致的情况下，保单的投保人才能作为保险金信托的委托人。目前国内市场已经在考虑，甚至推出保险金信托 2.0 模式，即信托的委托人在设立家族信托后，家族信托作为保险的投保人，为委托人指定的自然人投保。

2.0 模式相比 1.0 模式有何不同呢？第一，在 2.0 模式中，投保人和被保险人无须一致，可以根据信托委托人的意愿，确定被保险人；第二，2.0 模式中，保单可以被完整地置于信托内，从而规避因投保人个人债务，而被法院强制注销，并以保单现金价值偿还投保人个人债务的可能，这也就规避了保单被强制执行的风险。

总结

　　保险金信托相对于大额保单能够避免保险金被滥用的风险，而且还可以在家族信托合同中，对保险金的分配设置条件。另外，在设立保险金信托时，我们若能更加注意一些细节，就可以在实现规避风险与对资产的控制方面，加上更高的一层防护网。

信托保护人与受益人之间发生冲突怎么办

导读

许多国内的高净值人士在设立信托后，希望对信托财产保持相当程度的控制权，这可能是因为他们对其他人不信任；也可能是因为他并不完全理解信托制度，不愿将财产转到受托人名下；还有可能是委托人控制欲较强。信托的受托人或顾问通常会建议通过设立保护人来牵制各方、确保信托运作。但保护人是否能完全履职呢？我们将对此进行分析。

案例

委托人 X 先生在耿西岛设立了一个 K 信托，委托人让他的财务顾问兼挚友作为保护人，这个保护人拥有相当大的权力，甚至受托人在行使许多职权时，都需经其同意。在设立信托时，委托人 X 亲笔写下意愿书，表示如果他先于妻子去世，妻子将会成为"第一且唯一的受益人"。没过多久，委托人在英格兰去世，此时 K 信托的受益人只有其遗孀一人。起初，其遗孀和保护人并无分歧，她甚至还让保护人为其处理委托人的资产。然而不久之后，其遗孀正式要求撤换保护人，因为保护人对受益人百般刁难。双方交涉无果后，其遗孀便拒绝出席信托会议，她甚至向受托人提出终止信托的请求，而保护人则对此坚决反对。面对受益人和保护人之间的僵局，受托人表示，如果不选出新的保护人，K 信托将无法正常运作。

焦点问题

信托保护人应起什么样的作用？他与受益人之间发生冲突怎么办？

案例分析

目前，很多离岸法域有专门针对信托保护人的法律规定，这些离岸法域主要包括巴哈马（Bahamas）、伯利兹（Belize）、泽西岛、开曼群岛、库克群岛（Cook Islands）、英属维尔京群岛、马耳他岛（Malta）等，不同的离岸法域对信托保护人的规定不尽相同。这些离岸法域的相关信托法律明确规定了信托保护人享有广泛的权力，比如监督和更换受托人的权力、监督信托财产管理运行情况的权力、调整受益人或受益权的权力等。除了法律赋予保护人的权力，信托文件也可以对保护人的权力进行约定。我国法律明确规定，与保护人类似的，是"信托监察人"。《信托法》第六十四条规定，"公益信托应当设置信托监察人"；第六十五条规定，"信托监察人有权以自己的名义，为维护受益人的利益，提起诉讼或者实施其他法律行为"。根据《信托法》，公益信托监察人的设置是强制性的，而新出台的《中华人民共和国慈善法》第四十九条规定："慈善信托的委托人根据需要，可以确定信托监察人。信托监察人对受托人的行为进行监督，依法维护委托人和受益人的权益。信托监察人发现受托人违反信托义务或者难以履行职责的，应当向委托人报告，并有权以自己的名义向人民法院提起诉讼。"即我国的相关法律并没有就家族信托中的保护人做出明确的规定。基于"法无禁止即可行"的原则，这也在一定程度上，为家族信托中设置保护人提供了一定的自由。

案例中的保护人拥有相当大的权力，所以他很容易和受益人产生冲突，这往往会导致信托运作的停滞。事实上，撤销信托保护人的情况相当少见，却并非不存在。通常，保护人可能或已经危害信托及其受益人的利益时，法院才会积极介入。从委托人的立场来说，设置保护人，多是为了牵制受托人、受益人，避免他们恣意妄为。但是从案例来看，委托人在设立信托时应该意识到，设立保护人可能存在风险，假如委托人去世或失去控制力，家族信托的受益人难免会与保护人意见不一，甚至发生冲突。因此，一方面，保护人应该清楚意识到自己的权力范围，并正确行使自己的权力；另一方面，委托人应该在设立信托时设置一套完整的有关保护人的规则，比如保护人的权力为何，何时需要撤换保护人等。

我们再站在保护人的立场想想，同意担任这个职位的人，其实是需要勇气和耐心的。一方面，保护人在行使权力的时候，要尽可能使所有信托受益人的利益最大化，不能厚此薄彼；另一方面，他的所作所为还要合乎委托人的意愿。因此，在第一代委托人去世后，保护人就应该有充分的心理准备来应对家族中可能的变化，以及这些变化对自己造成的压力。也就是说，拥有极大权力的保护人，在意识到或知道与受益人存在冲突时，就应该及时与受益人进行沟通，从这一点来看，保护人还需要具有心理咨询师的技能。进一步说，如果双方矛盾不可解决，保护人应该考虑能不能继续任职。对于保护人来说，最大的责任，就是在顾及信托及其受益人利益的情况下，让信托继续有效地运作下去。

总结

从委托人的立场来说，设置保护人的目的大多是牵制受托人、受益人，避免他们恣意妄为，但委托人在设立信托的时候，要考虑清楚是否真的需要设置保护人这一职位，如果需要设置，那这个保护人的权力界限是什么，比如保护人的权力是否要跟委托人重合，或要在哪些方面限制保护人的权力。其实，委托人仅设立一个保护人，只能片面地牵制受益人，要想达到财富规划和传承的目标，还需要借助完善的信托架构。

委托人去世后，信托条款能否被修改

导读

设立信托的目的之一，就是为了避免家族成员之间的冲突，将复杂的失衡关系归于平衡。然而，由于信托关系牵扯多方，委托人与受益人之间、委托人与受托人之间、受托人与受益人之间、多数受益人之间几乎很难达到真正的平衡，尤其是一方失衡，就可能对整个信托产生影响。那么，如果委托人不幸去世，他的后代想要实现自身利益，试图修改信托条款，能够如愿吗？

案例

委托人孙某在泽西岛设立了两个家族信托，分别为 Y 信托和 Z 信托，两个信托都明确禁止非婚生子女、同性关系子女、领养子女等成为信托受益人。在孙某去世后，孙某的一位非婚生子女的家属张某，发现孙某设立的信托中，其子女不在两份信托的受益人行列，于是向泽西皇家法院提起诉讼，申请法院修改信托条款，将其子女作为信托的受益人，泽西皇家法院则同意修改信托条款。

焦点问题

委托人去世后，他在生前设立的家族信托的信托条款是否可以被变更？

案例分析

很多对家族信托了解的人，一定会说，委托人设立家族信托的目的，就是想延续自己的控制力，让活着的人听自己的话，这样他们才可能成为受益人获得分配。不听话的后代想成为受益人，显然是不可能的。上述案例中，泽西皇家法院在面对家族后代的请求时，却出乎意料地同意修改信托条款，为什么会这么做呢？

在本案中，张某认为孙某的意愿与现代伦理道德不符，也不利于家庭和谐。泽西皇家法院在审理有关家族信托的纠纷时，以前没有考虑过委托人的意愿与信托条款的设置是否侵犯了非婚生子女、同性关系子女及领养子女等特殊关系子女的利益。而法院这次通过综合考虑法律规定以及现代伦理观念认为，虽然家族信托应该尊重委托人的意愿，但是根据家庭结构及现代道德准则来看，委托人的意愿不应当太过偏激，信托条款应符合现代道德观点和家族理念。而且家族信托中的财产金额巨大，所牵涉的人员众多，信托的条款应该有利于家族和睦，以及家庭关系的维护。

法院还认为，现有的受益人未来也有可能有非婚生子女、同性关系子女及领养子女等，而他们的子女也应该有权成为受益人，所以法院认为家族受益人还应该包括未成年和未出生的子女。为此，法院的判决中，修改了 Y 信托和 Z 信托中受益人的定义：

- 平等对待同性关系问题，承认同性家庭子女。
- 普遍认可非婚生子女能够成为受益人。
- 承认未成年和未出生的子女的受益人身份。
- 放宽被领养子女的年龄限制。

法院在做出判决时所依据的是经修订的《1984 年泽西岛信托法》，该法第四十七条规定，有关未成年人、未出生子女和未确定受益人的案件，法院有管辖权，只要法院认为其判决有利于受益人的利益，就可以行使自由裁量权。法院还考虑到，信托的安排原则并非是针对个人利益，而是要顾全整个家族，因此不能局限于经济利益，而要考虑到家庭中的每一个人，所以法院认为家庭团结和谐才是最终目的。历史上很多相关案例，都是因财富产生分歧，不仅是家族信托，遗嘱也有类似的问题。所以，为了避免更多不必要的麻烦，以及牵扯更复杂的关系，信托合同就应当承认未婚生子女、同性婚姻子女、领养子女等特殊关系子女的利益。对此，设立家族信托时可以成立一个委员会，来进一步确认哪些在受益人定义以外的家族成员是否可以成为受益人。

总结

综上，委托人去世后，信托条款是否能被修改，还是要具体情况具体分析。信托在设立时需要考虑和权衡多方因素，比如信托条款是否有利于家庭和谐、家族整体利益的维护等。

过早让信托受益人知悉自己的身份会有什么问题

导读

很多人设立家族信托的最终目的，都是为了财富传承，因此受益人一栏大多写的是自己后代的名字，希望自己的后代能够遵守自己订立的规则，获得自己创造的财富。但是并不是所有人都考虑过应该在什么时点，让自己的孩子知道他其实是一个信托的受益人。

按理说，身为信托受益人，就拥有知情权，那么什么时候被告知重要吗？我们为什么需要关注"时间点"呢？

案例

K 的家族和某公司产生了纠纷，受托人建议召集家族信托的所有受益人，讨论是否从信托财产中支付 35 万英镑用以和解。但由于这个家族信托的委托人，在设立信托时未对成年后的受益人参加听证会的年龄做任何限制，按照信托本身的规定，只要受益人成年，都会被邀请到听证会的现场。如果 K 一旦被邀请参

加，就会知道自己是受益人。在被邀请参与讨论的人中，就包括
19 岁的 K。K 的母亲也同样是受益人，她和受托人都认为，K 不
应该在这个时候，得知自己拥有巨额财产，于是决定不让 K 参
与这场听证会。

但是这种做法与常理相违背，根据相关的法律规定，K 有权
参加，所以受托人请求法院来定夺。

焦点问题

从法律规定来看，K 应当和其他受益人一样，有资格得知一
切。但是从青年的健康成长来看，如果 K 太早得知他已拥有巨
额财产，可能不利于其自身独立能力的发展。泽西皇家法院内
部，在是否要告知 19 岁的 K 是信托的受益人之一这件事上意见
不一。

案例分析

泽西皇家法院认为，受托人禁止 K 得知相关情况的做法，
是对 K 有益的。法院担心受益人 K 过于年轻且心智尚不成熟，
如若知情，极有可能失去对学习的热忱，从而不求上进，不积极
投身于生活当中。如果因为这件事情，K 慢慢养成不良生活习惯
则更令人担忧。因此，法院认为，隐瞒实情可以使 K 更专注地
接受更好的教育、参与更多的工作实践。

很多人认为设立家族信托是为了防止子女挥霍财富，并鼓励
子女自食其力，但是设立信托仅仅是一个起点，设立后还有很多

需要关注的问题。比如像案例中提到的，在法律意义上，已经成年的 K 是否应当像其他成熟的受益人一样，应该知道自己是一份有巨额财产的信托的受益人之一呢？

针对是否让信托受益人过早知悉自己身份的问题，在现实中，只有少数委托人在设立信托的时候，会明确指出在孩子 30 岁之前，不能向其透露任何关于信托的事项；而更多的委托人，在设立信托的时候，都不曾考虑到这一点，对受益人得知自己是有巨额财产的信托的受益人后会造成什么负面影响，也没有过多考虑。毕竟我们 18 岁成人后，并不意味心智也已经成熟。因此，这就向具有自由裁量权的受托人提出了挑战。相关的信托公司是否有足够的处理家族事务的经验，在这一看似简单，但可能影响受益人一生的事情上，会展现得清清楚楚。而受托人应从保护受益人的最大利益出发，做出决定。

在国内设立家族信托的委托人，在考虑这个问题时，如果想对受益人保密，是否可行呢？《信托法》第三十三条规定："受托人应当每年定期将信托财产的管理运用、处分及收支情况，报告委托人和受益人。"受益人有权了解信托财产的管理运用、处分及收支情况，并有权要求受托人做出说明。受益人行使此项权利，与委托人意见不一致时，可以申请人民法院做出裁定。这些规定意味着，在中国设立家族信托，想对受益人保密几乎是不可能的，而这也导致目前国内很多家族信托委托人的意愿（如向受益人保密，或者至少在受益人达到一定年龄前保密）无法实现。单从这一点上来看，我们便能理解有人会选择设立离岸家族信托。

总结

委托人设立离岸家族信托的时候，如果能考虑得更全面，比如从有利于受益人的角度出发，在孩子到达一定年龄之前，不向其透露任何关于信托的事项，这样就能给受托人提供更清楚的指示，也能更好地实现财富传承。

通过遗嘱信托做慈善，为何会被挑战

导读

我们听过的裸捐故事基本都发生在国外，像比尔·盖茨（Bill Gates）和扎克伯格（Zuckerberg），他们的裸捐出于自身的意愿，未遇到任何阻碍。可是，中国一位想裸捐的富豪于先生，他就没有这么顺利了，甚至最终引发家族内部有关遗嘱效力的纠纷。究竟是什么阻止了于先生裸捐呢？

案例

于先生是一位承诺裸捐，也进行了裸捐的富豪，他早就打算把自己毕生积累的财富，献给慈善事业，于是早早就设立了慈善信托，还委托香港瑞士信贷银行进行管理，目标是将 80 亿元资产在其过世时用于慈善事业。2008 年，于先生立下遗嘱，声明将自己名下财产全数划入 2008 年设立的慈善信托中，并把妻子及两个孙子指定为该信托的受益人。后来，于先生的妻子先于他三年去世，当于先生去世后，他的次子认为遗嘱是无效的，因为他认为其父亲无权处分其母亲的财产。此外，他还质疑受益人的身份，以及遗产中的具体资产等，因为他认为其父亲的遗产中有一部分是其母亲的。

焦点问题

于先生通过遗嘱信托做慈善，作为继承人之一的次子能挑战成功吗？

案例分析

遗嘱及遗嘱信托具有不确定性，因此，与生前信托相比，它们受到挑战的风险更大，现实中有很多相关的案例。于先生所设立的遗嘱信托，也叫死后信托，是指委托人以立遗嘱的方式将其财产交给受托人，并在遗嘱中安排好去世后的相关细节，包括信托财产的管理、分配及运作。也就是说，委托人去世时和遗嘱生效时，遗嘱信托合同才生效。于先生的这种安排，就是先设立信托，然后通过遗嘱将财产放入信托，这种信托加遗嘱的安排，使得某些对遗嘱的挑战实质上是对遗嘱信托的挑战。事实上，对遗嘱的挑战很常见，通常是继承人对遗嘱合法性、效力的挑战。挑战遗嘱的理由有很多，如未能根据法律要求的格式立遗嘱，在遗嘱中约定违法或无效的行为。虽然信托相较遗嘱不易被挑战，但遗嘱信托，因为与遗嘱有着不可分的联系，导致遗嘱本身可能遭遇的挑战、风险，都极有可能会通过联系而转移到遗嘱信托上，使得遗嘱信托成为信托中风险较大的一个。

若委托人生前就将信托设立好，并完成个人财产放入信托中的所有法律程序，那么，不论是债权人或者继承人试图挑战信托，他都可以从容应对，还能确保去世后财产能依照自己的意愿运作。但若委托人选择设立的是遗嘱信托，他也将面临遗嘱本身所引起的风险。一旦遗嘱的合法性或效力受到挑战，则遗嘱信托是否能有效设立、遗产能否根据委托人的意愿进行管理和处分，已经无法为委托人所左右，毕竟遗嘱信托的设立及信托财产的交付，都是以委托人离世为前提的。

另外，委托人将夫妻共有财产放入信托前，绝对不能忽视自己是否有权处置此类财产的问题。我国《婚姻法》规定，夫妻若未对婚后的财产做特别约定，均视为共同财产，也就是说，婚后取得的财产，原则上都是共同共有的。

将夫妻共有财产作为信托财产可能存在什么风险呢？实践中，委托人将夫妻共同财产放入信托时，若是取得了对方的同意，自然没有问题，相反，若是在对方不知情的情况下，擅自将夫妻共同财产放入信托，就使信托有被挑战的风险，因为委托人无权处分信托财产中属于夫妻共有财产的部分。这分为两种情况：一种是某些委托人在设立信托时，虽已离婚但可能在离婚期间隐匿了自身的财产，或者虽未隐匿财产，但离婚时未就夫妻共同财产进行分割。在这种情况下，《婚姻法》规定，当夫妻离婚后分割财产时，共同财产应当全部参与分配。那么，此时信托的有效性将可能受到挑战。另一种是在一方去世的情况下，由于另一方还活着，其对财产有一定的控制力，这种情况下，子女及继承人通常不会急着继承财产，使活着的一方感觉配偶的财产似乎都是自己的，进而用这些财产设立信托。然而，离世一方的遗产应包括在其婚姻关系存续期间应得的夫妻共有财产，那部分财产并非全数可以由在世配偶继承。在这种情况下，去世配偶的其他继承人自然就有理由去挑战信托的效力，主张自己应继承的份额。

总结

委托人若将夫妻共有财产放入信托中，信托将会面临被继承人挑战的风险。如果说，设立信托的目的是为了进行财富规划、风险隔离或税务规划，那这其中最重要的一点，是要确保信托中的财产要和自己的财产相互独立，以避免在信托合法性或效力方面受到挑战。

第五章　继承与财富传承

人死后债务会清空吗

导读

债务纠纷一直是民事纠纷的重中之重，关于债务的消灭与偿还，常听到两种说法，一个是"人死债销"，另一个是"父债子偿"。当债务人死亡后，如果按照第一种说法处理，那么对于债权人来说，难免有些不公平；如果采用第二种说法处理，子女就一定有为父母还债的义务吗？那么，"父债"在什么情况下需要子女偿还，什么情况下不需要子女偿还呢？我们通过以下例子来具体探讨这个问题。

案例

王先生为某大型民营企业联合创始人兼执行董事，其去世后，按照《继承法》第十条的规定，王先生遗产的第一顺序继承人，应是王先生的配偶、子女和父母。企业的发展离不开资金的支持，其中重要的融资方法之一就是向银行贷款。王先生一手创办的企业，欠了某银行高达 2.9 亿余元的债务，王先生作为大股东曾签字担保。所以，当法院宣判王先生的遗产全部由其配偶及子女继承时，银行方面提出诉讼，请求法院追究其配偶及子女作为继承人，在遗产继承范围内承担连带清偿责任。最终结果是，王先生的配偶及子女自愿放弃继承权。

焦点问题

是否可以通过放弃继承财产达到规避债务的目的？

案例分析

我国《继承法》第三十三条规定，"继承遗产应当清偿被继承人依法应当缴纳的税款和债务"，即债务人死亡并不导致债的灭失。但该条也同时规定，"缴纳税款和清偿债务以遗产实际价值为限。超过遗产实际价值部分，继承人自愿偿还的不在此限。继承人放弃继承的，对被继承人依法应当缴纳的税款和债务可以不负偿还责任"。也就是说，如果遗产范围清晰，并且继承人同意继承这份遗产，那么继承人就有责任先清偿债务，然后再按照遗嘱或法定继承来进行分割。简单来说，这种情况是，继承人先用遗产还清被继承人的债务，再继承剩余的遗产；如果遗产在偿还债务后没有剩余甚至不够偿还，那么未偿的债务，继承人或者其他家人，可以不再偿还。

在上述案例中，经过法院的调解，王先生的配偶及子女，为了避免因继承而产生其他一系列费用和问题而放弃对遗产的继承权，并到庭做出了放弃继承权的声明。从这个案例，我们不难看出，作为大型民营企业的联合创始人兼执行董事的王先生与很多民营企业家一样，疏忽了一点——在生前未将个人资产与公司资产进行有效隔离，这导致自己苦心经营几十年的财富无法传承给子女。王先生全身心投入自己创办的企业中，以为只要企业在，就不怕财富落入他人手中，也并没有想到明天和意外哪个会先到来，正值壮年的他，竟还没来得及安排好身后事就已经去世。

这也又一次给家族企业家敲响了警钟：在全身心投入企业管理时，万万不可忽略在家族财富和企业资产间树立一道防火墙，一旦发生像王先生这样的债务牵连问题时，才能有效保护个人财产，实现巨额财富的顺利传承。所以说，做好风险防范，一定要将个人财产放在"安全区"内，这就需要借助财富传承工具，对此，遗嘱、保险和家族信托都是很好的选择。想要更稳妥，我们还可以将几种财富管理工具叠加使用，以便合理避税，实现财产有效隔离。如果案例中的王先生，在生前通过家族信托进行财富管理，提前将个人资产与公司资产进行隔离，依照《信托法》第十五条的规定，信托财产独立于其个人名下财产，其作为信托委托人死亡时，"委托人不是唯一受益人的，信托有续，信托财产不作为其遗产"，债权人也无权主张以信托财产清偿王先生个人债务了。

不过，面对遗产继承，大家可能还会有这样的疑惑：当遗产还处在家庭共有财产状态中，尚未确定出清晰的遗产范围时，债务又应该怎么清偿呢？

一般情况下，继承人清偿去世的债务人的债务时，先从共有财产中分割出属于债务人的那份财产，再以此划分清偿的范围进行清偿，避免共有财产与需清偿财产的混同。且债权人不可以在尚未明确遗产范围时，不分青红皂白地要求将家庭的全部资产作为清还债务的款项。那么，当继承人继承的是实物或不动产时，又应该怎么偿还呢？

这种不便清偿债务的情况，一般都会按照有利于生产和生活需要的原则，先行折价或变现，然后再清偿，也可以采取共有等方法偿还债务。

总结

在继承方面，如果遗产已被分割，而未清偿的债务，若有法定继承、遗嘱继承和遗赠的，首先由法定继承人用其所得的遗产清偿债务；不足清偿时，剩余的债务由遗嘱继承人和受遗赠人按比例，用所得遗产偿还。如果只有遗嘱继承和遗赠的，由遗嘱继承人和受遗赠人，按比例用所得遗产偿还。在财富传承方面，委托人要提早做好家族资产隔离，综合运用各种财富传承手段，尽早做好传承安排。守业更比创业难，自己辛苦打拼出的产业如果不加以管理和规划，那么将可能是竹篮打水一场空，到头来可能落得一无所有。

财产继承人可以任意指定吗

导读

很多人都有一个意识，那就是不管自己结婚与否，自己赚的钱，就完全属于自己，与其他任何人都没有关系。这也就意味着，自己完全可以处分自己的财产，想留给任何人，没有人能提出异议。可现实生活并不是这样，你的资产可能跟很多人有着千丝万缕的关系。比如，你去世后留下了很多财产，这些财产中可能有属于配偶的部分，可能全部属于其他继承人。有人会反驳，很多有钱人不也没有把钱留给子女或者其他亲人，而是都捐了吗？他们是如何做到将资产完全按照自己的意愿来处分的？

案例

张某与前妻生有一女，对于这个女儿，张某爱得比较"克制"，连女儿的婚礼也没参加。而与对女儿的爱形成强烈对比的是，对前女友的疯狂表白，张某曾在公开场合表示，自己死后，所有财产均归前女友所有。有人不禁发问，他不是有前妻和女儿吗？财产应该不能全部分给前女友，况且，他这种做法会被法律允许吗？

焦点问题

如何确保被继承人去世后，其遗产能够按照其生前的意愿进行分配，而不受法定继承的约束呢？

案例分析

张某也许觉得自己的承诺，已经充分表现了他浪漫的情怀，以及对前女友忠贞不渝的爱情，至于如何从实际角度，实现这个美好愿望，张某可能从来没有真正考虑过。很多人也许认为，张某目前单身，财产均为自己合法所有，他当然可以自由处分自己的财产，也不用向谁请示，私下写一份遗嘱不就解决了吗？张某虽然可以自己订立一份遗嘱，但是当张某去世后，继承权公正这个程序却是无法回避的。当公证员召集所有张某的法定继承人宣读遗嘱，并询问有没有异议的时候，他的女儿难免不会心生妒忌，谁敢保证他的女儿到时候一定不会举手，而同意这样的安排呢？因为张某前女友并不是其法定继承人，张某在遗嘱中留给前女友的财产属于遗赠，作为张某遗产的法定继承人，其女儿难免不会质疑这份遗赠协议的真实性和有效性。且不说最后前女友会不会胜诉，仅烦琐的法律程序与持续的纠纷，也势必与张某想要保护前女友的初衷相违背。

如果张某作为投保人，给自己买一份大额人寿保险，把前女友列为受益人，那么当他去世的时候，前女友领取保单的赔偿金是谁也不能阻拦的。因为《保险法》第十八条规定："受益人是指人身保险合同中由被保险人或者投保人指定的享有保险金请求权的人。"该条规定，前女友享有保险金请求权，一旦被保险人张某去世，这份以前女友为受益人的保险金就可以顺利交到前女友的手中，张某也能得偿所愿，其他未出现在保单上的人自然不能分走这笔钱。

如果他同时设立了一个合法的家族信托，把前女友列为受益人，做好信托受益权的设计，这样，他对前女友的保护可以更为立体而持续。比如，张某活着的时候，前女友如有急用，可以领取分配额度；当张某去世后，前女友以及她的直系血亲可以成为受益人，每个受益人每年可以领取一定分配额度，支持前女友的投资项目等。这些都可以在相当长的时间内实现，因为《信托法》第四十四条规定："受益人自信托生效之日起享有信托受益权。"前女友对于信托财产的受益权是谁也不可以侵犯的，这一设计更是为前女友提供了全面的保护。

近几年，很多高净值人士都在自己的财富规划上，用到家族信托、保险或者基金会，比如默多克（Murdoch）用家族信托隔离自己的财产，防止因婚变而导致财产被分割等。

由此可见，张某如果真的想要按照自己的意愿，规划遗产的分配方式，就不得不借助财富管理工具来实现。

总结

在高净值与超高净值人士关注的财富问题上，大额保单、家族信托以及遗嘱这三种经典规划手段是极其受欢迎的，而且也是非常有用的。设立者不仅可以根据实际需求，灵活约定它们的各项条款，以此来满足继承人的需求，还可以使它们成为很好的"防火墙"，规避很多风险。但是具体选择哪种方式要视情况而定，可以多种工具组合运用，也可以仅用一种财富工具，这需要专业的财富管理律师，按照客户的不同需求来制订个性化方案，满足不同需求，以期财富传承顺利实现。

保单会有继承问题吗

导读

近年来，在财富保护与传承方面，大额保单渐渐开始备受很多高净值人士的关注与推崇。这不仅仅是因为它一定程度上可以隔离企业经营风险，节费省税，还能一定程度上在婚变财产争夺和子女债务问题上起到隔离保护的作用。可以说，大额保单在生活中扮演着一个相对称职的角色。

可是，买一份大额保单真的可以一劳永逸吗？对此，我们将分析保险在财富传承中的作用。

案例

李大明54岁，拥有一家自己的公司，并且公司仍在稳步发展中，效益非常好。他经历过两次婚姻，和前妻有两个女儿，与现任妻子有一个儿子。李大明身体不好，他担心万一自己哪天生病了，老婆和孩子的生活会受影响。于是在保险公司人员的推荐下，他购买了两份大额保单。第一份保单，期限 10 年，50 万元年金险；投保人是李大明，被保人是自己的儿子，而受益人则是现任妻子。第二份保单，是专为现任妻子投保的大额终身寿险，投保人是李大明，被保险人和受益人是现任妻子。他想，自己就算有什么不测，有了这样的安排，自己的孩子和妻子的生活质量也不会受到太大影响。

可是五年后，李大明不幸因病突然去世，多年不往来的前妻和两个成年女儿却突然出现，而且目的非常明确，就是来和李大明现任妻子和儿子理论：李大明作为投保人留下的两份保单，到底应该怎么算？前妻的两个女儿要求解除保险合同，拿回并分割保单的现金价值，现任妻子不同意。后来又被保险公司告知，虽然李大明病故了，但是他没交完的保费，还需要继续交。李大明的妻子有点蒙，来到保险公司一查才知道，李大明当初投保的时候，没有选择"保费豁免"这一项。估计李大明根本不知道这是什么意思，其实"保费豁免"，就是李大明作为投保人病故了以后，如果保费还没有交完，剩余的保费可以不再交了。现在的问题是，谁出面做新的投保人继续交保费。李大明现任妻子想，保单对自己和儿子今后的生活有帮助，于是表态，愿意做新的投保人，继续交保费。可是，变更投保人需要李大明的法定继承人的一致同意，这时候，难题又出现了，李大明的两个女儿拒绝配合变更。这件事使得李大明的现任妻子非常不理解，本来是丈夫想用保险安排身后事，怎么一下子变得这么麻烦呢？究竟是保单的哪个方面出了问题，使得李大明的前妻和女儿们的可以争夺这两份保单呢？

焦点问题

在运用保单进行财富传承规划时，我们需要注意哪些问题？

案例分析

首先我们要明确，至今为止，法律层面还没有明确规定寿险保单是投保人的财产。换句话说，保单是否是李大明的遗产，法律并没有明确。既然如此，李大明的前妻和女儿们，为什么还能这么硬气呢？问题出在实际操作层面上。目前，在投保人死亡而导致保险合同中的投保人缺位时，保险公司一般会要求投保人的所有法定继承人自行协商，以确定由谁承接保险合同中投保人的权利和义务。所以，作为法定继承人的李大明的女儿们如果不同意，则保单的投保人很难变更为李大明现任妻子。当然，前妻不是李大明的法定继承人，前妻的主张，保险公司是不会理会的，但是，按照一般的家庭纠纷的发展，前妻的主张，必定是可以通过女儿们来变相起到作用的。

通过李大明的家庭情况可以看出，单一应用保险来传承财富是不安全的，是不可能一劳永逸的，一定要用整合传承的理念，注意遗嘱、家族信托等工具的同步运用与锁定，才不会发生所讲的问题。

但是，大家还需要注意一个细节，就是当投保人与被保险人不是同一个人时（例如，投保人是李大明，被保险人是儿子），一旦发生投保人预料不到的意外，对于没有选择"保费豁免"及约定"降低保额"的条款的大额保单，往往有两种结果：第一种结果是，如果家庭关系和谐，那么继承人之间一切都好商量，大家可以协商产生新的投保人，续缴保费或通过保单贷款方式来续，这样一来，投保人可以完成生前愿望，被保险人也可以享受未来的收益及保障；第二种结果是，如果像李大明这种特殊而复杂的家庭关系，保险合同很有可能就要终止，因为继承人意见不统一，没办法就变更投保人达成一致意见，也就没办法续缴保费。那么保险合同终止以后，李大明这张保单的现金价值就会作为遗产，而被继承人分割。这种结果当然是李大明从没有想过的，也是不愿意看到的。

所以，像李大明这类提前进行财富传承安排的富裕人士，采取"保单的方式"来给需要照顾的人安排的话，应注意以下细节：首先，应进行保费的规划，具体怎么规划呢？比如对相应问题——家庭收入的合理预期、缴保费周期、每年缴保费的金额、保费的总额等进行演算，以防止中途无力缴费，甚至退保造成不必要的损失。其次，意外随时可能发生，所以，要想到一旦发生意外，保单如何处置。若投保人突然去世，缴费问题如何处理，之前要不要选择"保费豁免""降低投保额"等，都是需要好好考虑的问题。

总结

综上，在运用大额保单做财富传承规划的时候，一定要注意进行合理的保费规划，提前安排好，在发生意外的时候保单的缴费问题如何处理。买保险看起来是一件比较简单的事情，但是其中如果牵扯到继承或其他法律问题，就是一件比较专业的事情了，因此，高净值人士如果有运用保单传承财富的想法，最好能够提前咨询保险领域的专家或律师。另外，大家在进行财富传承规划的时候，不要以为单一的工具能一劳永逸地解决所有的问题。在很多情况下，买了保险，可能还需要遗嘱，甚至可能需要信托的帮助。只有完整地规划，投保人离世后，保单的利益及价值才能发挥出来，而不会像李大明一样，使他想照顾的人受到损失。

"要挟"父母画押的遗嘱具有法律效力吗

导读

古人云，"孝子之养也，乐其心，不违其志"，但古人又云，"有子七人，莫慰母心"。可见，并非所有晚辈，都与长辈和睦相处，顺其心意。他们可能会为了一己私利，做出恐吓、要挟自己父母的事情。在当今社会，尤其是在这个尊重法律、讲究证据的时代，如果有人做出要挟父母而获取不正当利益的事，法院会如何解决呢？

案例

胡老爷子有一套上百平方米的房子，市值100多万元。按照常理，如果胡老爷子去世，这处房产该由他五个孩子共同继承。但是胡老爷子考虑到，自从老伴死后，五个孩子中的老大就一直和自己生活，尽心尽力地照顾自己，所以瞒着其他四个子女，偷偷留下遗嘱，并和老大去公证处进行了公证，办全了手续。也就是说，当胡老爷子去世后，老大一个人就能得到这套房子。胡老爷子去世后，老大拿着父母的死亡证明及那份公证书，去房产部门办理房屋过户手续，其余四个弟妹突然跳出来阻止。当房产部门的工作人员说，老大的证件都符合法律规定，其他人没有权利阻止的时候，四人却拿出另外一份，由胡老爷子签名还按了手印的文件。四人声称这份"遗嘱"是立在公证遗嘱之后的，更有"法律效力"。场面顿时异常混乱，房产部门的工作人员被搞糊涂了，怎么会有两份遗嘱呢？这到底是怎么回事呢？原来，一次家庭聚会的时候，胡老爷子喝醉了，就提了要和老大去公证处的事。其他四个子女知道后不答应，都说胡老爷子太偏心了，并"要挟"说，如果他们得不到房产的继承权，就立即停止给胡老爷子生活费。胡老爷子的退休金非常少，生活比较困难，也不能光靠老大，虽说老大在出力方面从不含糊，可是老大家也是捉襟见肘。所以后面很多年，胡老爷子都是靠另外四个子女每月数量不等的生活费维持生活。胡老爷子见他们如此要挟，生怕他们真的不管自己，只好签订了那份"遗嘱"。协议上明确表示，如果胡老爷子同意，去世后由老大之外的其他四个子女继承房产，那么四个子女就会按时每月给生活费，否则就将不再赡养。这么一看，哪一份遗嘱都是真的，都是胡老爷子亲自签名的，但到底哪一份才具有法律效力呢？两方争执不下，只得交给法院处理。半个月后，法院宣判结果，认为老大的那份遗嘱才具有法律效力，房产归老大所有，而其余四个弟妹手中的遗嘱属于无效遗嘱，无法得到房产。

焦点问题

到底什么样的遗嘱才是合法有效的遗嘱？要如何立下一份有效遗嘱呢？

案例分析

本案中，法院为什么会这样判呢？难道遗嘱不应当按照最后一份算吗？案例中，胡老爷子跟其余四个子女签订的协议本来就是无效协议。四人为了得到遗产，以"不提供生活费"为要挟，逼迫胡老爷子签字画押，本身就违背了胡老爷子本意，应为"无效遗嘱"。因为我国《婚姻法》第二十一条规定："父母对子女有抚养教育的义务；子女对父母有赡养扶助的义务。"该义务是法定义务，不可免除，也不能要挟或追加任何条件。《继承法》第二十一条规定："遗嘱继承或者遗赠附有义务的，继承人或者受遗赠人应当履行义务。没有正当理由不履行义务的，经有关单位或者个人请求，人民法院可以取消他接受遗产的权利。"

那么，遗嘱人在订立一份合法有效的遗嘱时需要注意什么呢？

首先，遗嘱中被继承的财产必须是个人财产。《继承法》第十六条规定："公民可以依照本法规定立遗嘱处分个人财产，并可以指定遗嘱执行人。公民可以立遗嘱将个人财产指定由法定继承人的一人或者数人继承。"

其次，要注意《继承法》对各种类型遗嘱的要求，遗嘱只有符合法律规定才能成立。《继承法》第十七条规定："公证遗嘱由遗嘱人经公证机关办理。自书遗嘱由遗嘱人亲笔书写，签名，注明年、月、日。代书遗嘱应当有两个以上见证人在场见证，由其中一人代书，注明年、月、日，并由代书人、其他见证人和遗嘱人签名。以录音形式立的遗嘱，应当有两个以上见证人在场见证。遗嘱人在危急情况下，可以立口头遗嘱。口头遗嘱应当有两个以上见证人在场见证。危急情况解除后，遗嘱人能够用书面或者录音形式立遗嘱的，所立的口头遗嘱无效。"

再次，注意遗嘱人享有的撤销、变更自己所立遗嘱的权利，这个牵涉立有多份遗嘱情况时的遗嘱效力问题。《继承法》第二十条规定："遗嘱人可以撤销、变更自己所立的遗嘱。立有数份遗嘱，内容相抵触的，以最后的遗嘱为准。自书、代书、录音、口头遗嘱，不得撤销、变更公证遗嘱。"

最后，遗嘱的订立一定要反映遗嘱人真实的意思表示，否则所立遗嘱被视为无效。《继承法》第二十二条规定："无行为能力人或者限制行为能力人所立的遗嘱无效。遗嘱必须表示遗嘱人的真实意思，受胁迫、欺骗所立的遗嘱无效。伪造的遗嘱无效。遗嘱被篡改的，篡改的内容无效。"

总结

综上，订立遗嘱听起来简单，但是在实践中，围绕遗嘱有各种诉讼。尤其是有多份遗嘱时，在某份遗嘱到底是真是假、是否有效的问题上，继承人会争得头破血流。

立遗嘱没有那么简单

导读

《今日美国》（*U. S. A Today*）曾报道，[①] 中国作为全球人口最多的国家，是全球第二大经济体，也是储蓄率高、经济快速增长的国家之一。在经济发展前景被非常看好的形势下，国民却普遍存在着财产规划问题：无人设立遗嘱。

报道中的相关统计数据显示，中国有将近2.2亿老年人，却只有1%的人在生前做好继承规划，而这1%还是比较乐观的猜测。报道认为，中国人从古至今对死亡忌讳，以至于认为立遗嘱是一个很不吉利的行为。

不过，更令人惊讶的是，即便是设立遗嘱的那1%的人，他们的遗嘱也有不成立的情况，以至于众多家庭在遗产分割上忧虑重重。所以我们现在就来说说立遗嘱所要注意的相关事项，和它本身的重要意义。

[①] 报道的网址为 https：//www. usatoday. com/story/news/world/2017/01/02/chinese-wills-savings-beijing/95750124/。

案例

黄某的妻子蒋某离家出走后 10 年未归。这 10 年里，过半的时间黄某都是与红粉知己张某一起居住和生活，在黄某患病卧床期间，张某细心照料、打理。对于黄某而言，张某的不离不弃让他感动不已，她已经不只是知己，更像是家人。于是，黄某临终前决定立一份遗嘱，将自己的全部财产遗赠给张某。然而，当蒋某得知此事后，她以黄某配偶的身份上告法院。法院认为黄某在遗嘱中处分了夫妻共同财产，与张某的关系，实属有违公序良俗，判决黄某的遗嘱无效。

焦点问题

在法律上，什么样的遗嘱才是有效的？

案例分析

你可能会想，遗嘱不该是无法被驳回的吗？就像电影里演的那样，将一切分配好，即便有人不高兴、不同意，但最终也只能接受。可是，遗嘱并不是这样"无敌"，它可能会因为种种因素而无效，比如案例里，因为遗赠行为违反公序良俗原则而使遗嘱无效。为什么会这样呢？虽然《继承法》第十六条规定："公民可以立遗嘱将个人财产赠给国家、集体或者法定继承人以外的人。"且《继承法》也未明确规定禁止婚外同居者接受遗赠，但是《继承法》必须与整个法律体系相协调。首先，继承属于一种民事行为，必须受民法基本原则的统辖，而公序良俗原则是民法的重要原则之一。其次，《继承法》与《婚姻法》应相协调。若《继承法》不禁止将遗产赠与婚外同居者，则与《婚姻法》中保护合法婚姻的精神相悖。遗赠行为作为一种民事行为，应当符合《民法通则》对民事法律行为的一般规定，例如应遵循公序良俗原则。在本案中，黄某因感激张某照顾而将其全部财产遗赠给张某，但张某却并不能否认其对遗赠人的照顾是基于双方违法的婚外同居关系，因此照顾一事不足以改变此遗赠行为有违公序良俗的本质。

那么，遗嘱怎么订立才会有效呢？那些希望通过遗嘱来安排遗产的人士，需要了解以下几点：

首先，遗嘱人必须有完全民事行为能力。我们知道设立遗嘱是处分自己财产的行为，《继承法》第二十二条规定："无行为能力人或者限制行为能力人所立的遗嘱无效。"也就是说，遗嘱人不能没有民事行为能力，或被限制民事行为能力，否则即便设立遗嘱，多半也都会被认定为无效。不过，如果遗嘱人在立遗嘱时有民事行为能力，之后丧失了行为能力的，这就不影响遗嘱的效力。但是遗嘱人如果患上了阿尔茨海默病等精神性疾病，那么他所立下的遗嘱则很可能无效。

其次，遗嘱处分的财产必须是个人财产。《继承法》第三条规定，"遗产是公民死亡时遗留的个人合法财产"，但遗嘱中处分他人、集体和国家的财产的部分无效，所以，所设立遗嘱无效时，多半是共同共有和按份共有的财产部分。比如，夫妻一方去世，另一方在遗嘱中处分了夫妻共同所有的房产，根据我国《婚姻法》的规定，夫妻如果未对婚后的财产有特别约定，均为共同财产。也就是说，婚后取得的财产原则上都是共同共有的，夫妻双方各占一半，故遗嘱中处分了配偶财产的部分应当无效。又比如，老人通过遗嘱约定，将其贷款购买的房屋赠给儿子，但实际上可能因房贷未还完，导致遗嘱人并未获得房屋的完整所有权，而使该部分遗嘱无效。

再次，遗嘱的形式必须合法。《继承法》规定了设立遗嘱的五种法定形式：公证遗嘱、自书遗嘱、代书遗嘱、录音遗嘱、口头遗嘱。《继承法》第十七条规定："公证遗嘱由遗嘱人经公证机关办理。自书遗嘱由遗嘱人亲笔书写，签名，注明年、月、日。代书遗嘱应当有两个以上见证人在场见证，由其中一人代书，注明年、月、日，并由代书人、其他见证人和遗嘱人签名。以录音形式立的遗嘱，应当有两个以上见证人在场见证。遗嘱人在危急情况下，可以立口头遗嘱。口头遗嘱应当有两个以上见证人在场见证。危急情况解除后，遗嘱人能够用书面或者录音形式立遗嘱的，所立的口头遗嘱无效。"所以，按照规定的此五种方式的一种，且符合《继承法》规定形式的遗嘱，才合法有效。

最后，遗嘱的订立一定是表达遗嘱人真实的意愿。《继承法》第二十二条规定："遗嘱必须表示遗嘱人的真实意思，受胁迫、欺骗所立的遗嘱无效。伪造的遗嘱无效。遗嘱被篡改的，篡改的内容无效。"

总结

在现实生活中，确实有越来越多的人打破传统观念，运用遗嘱安排个人的财产传承。所以，如果你有先立遗嘱的前瞻性思想，那么现在你就要打破传统观念，明白遗嘱不是自己在家随意写下几行字、签个名就可以的，而是非常专业的行为。因此，我们立一份合法、有效的遗嘱，应咨询专业律师，以免一番心血付诸东流。

此外，随着中国高净值人士不断增加，富有家族不断出现，我们面对庞大甚至可能"跨国"的资产和日渐复杂的人身关系，只用一份遗嘱就想实现财产传承，已然是不可能。此时，能真正帮助我们的只有专业的律师，律师能从法律的角度帮我们进行继承、接班的规划，妥善利用遗嘱、信托、保险等各种财富规划工具，完成我们的愿望。

独生子继承房产会遇到哪些问题

导读

在本书中，我们为大家对比过，用哪一种方式将房产过户给子女最为合适。然而在现实生活中，很多人都抱着"以后家里的财产早晚都是你的"这种心态，从来不会提早规划房产继承的问题。尤其有些家庭中是独生子女，更不会担心有财产争夺的矛盾发生。可是"想法很美好，现实很骨感"。独生子女继承房产遇到的问题，在法律面前从来不简单，甚至很可能出现无法全额继承，甚至一份也得不到的情况。

案例

王丽是家里的独生女，父亲在 10 年前因得肺痨而死，母亲在她 27 岁那一年，因心脏病去世。父母在杭州给王丽留了一套 127 平方米的房子。王丽的女儿已经两岁，明年就要上幼儿园，王丽看了看房产证，发现名字是父亲的，打算改成自己的名字，再将自己和女儿的户口都迁到杭州。思考后，王丽就拿着房产证和父母的死亡证明，去房管局准备办理过户。本以为会很顺利，不料房管局以材料不足为由拒绝给王丽办过户手续。他们说，王丽要么提供公证处出具的继承权公证书，要么提供法院的判决书，才能给她办理。王丽想了想，打官司这件事很麻烦，还不如去公证处。但当王丽到公证处后，公证处的办事人员却说："你得把你爸妈的全部亲属都找到，才能给你公证。"

焦点问题

父母怎样才能顺利将房子过户给子女？

案例分析

按照法律规定，这套房子是王丽父母的婚内共同财产，王丽父亲去世，这套房产的1/2属于王丽母亲，另外1/2属于王丽父亲。当她父亲死亡时，有三个继承人，即王丽母亲、王丽和王丽的奶奶。如果没有特殊情况，那么三人平分属于王丽父亲的那1/2房产。因此母亲在原有1/2的基础上再获得1/6，合计4/6，王丽分得1/6，奶奶分得1/6。问题是，王丽的奶奶在王丽父亲去世后不久就过世了，奶奶过世后，属于奶奶的1/6，本该由王丽父亲的四个兄弟姐妹转继承，一人继承1/24，但大伯和父亲先于奶奶过世。根据法律规定，由大伯和父亲的晚辈直系血亲代位继承，也就是大伯的1/24，由大伯的三个孩子各继承1/72，父亲的1/24由王丽继承。加上前面的1/6，王丽继承父亲以及代父亲继承奶奶的合计有5/24。

当公证人给王丽讲了这些，她都听糊涂了。二伯的 1/24，根据法律的规定，婚内继承的遗产除非遗嘱指定归个人，否则就是夫妻共同财产。而二伯在几年前离婚了，这1/24应该分成两半，二伯1/48，二婶1/48。现在母亲过世，母亲只有王丽一个继承人，因此王丽母亲的财产全部由王丽继承，所以王丽最终的财产继承份额是 5/24 + 4/6 = 7/8。

按照法定继承关系，排在第一顺序的继承人，包括配偶、子女、父母。这也意味着，在祖孙三代关系中，一旦中间的父辈早逝，如父辈未立遗嘱，祖辈没放弃继承，那么原属于父辈的财产（房产）也需分给祖辈。

这种情况难道就不能避免吗？我们先来看看《继承法》第五条的规定，"继承开始后，按照法定继承办理；有遗嘱的，按照遗嘱继承或者遗赠办理；有遗赠扶养协议的，按照协议办理"。因此，被继承人死亡后，应该先看其生前是否签署遗赠扶养协议或设立遗嘱，如果财产所有人未就其财产分配签署遗赠扶养协议或未设立遗嘱，或者签署的遗赠扶养协议或所设立的遗嘱无效，那么就应按法定顺序继承。法定继承须按照均等分配、适当照顾的原则，首先由被继承人的第一顺位继承人（配偶、子女、父母）来继承，其中的子女包括婚生子女、非婚生子女、养子女和有抚养关系的继子女；被继承人没有第一顺位继承人的，由第二顺位继承人（兄弟姐妹、祖父母、外祖父母）继承。

大多父母并未想继承儿女的财产，但当不幸发生的时候，如案例中，王丽的奶奶将会按照法定继承分得子女房产的份额，如果她不放弃继承权又不办遗嘱，在其死后又会发生法定继承，此前她继承的房产份额会重新分配，不可能全部还给王丽。这绝对不是大多数老人的意愿，但又必须遵守法律。所以父母一定要注意及时处置好将由子女继承的房产和其他财产。否则，如案例中当继承发生后，继承人王丽得一个个去找有权继承的人，让他们放弃继承，住得远的或在国外的，还得让他们到当地公证处或领事馆办弃产公证，并将公证书邮寄回来，自己集中后再到公证处办继承权公证；实在找不到的法定继承人，王丽还要在房产证里保留他们的份额。

总结

如果被继承人生前没有立遗嘱，那么按照法定继承关系，排在第一顺位继承的人，包括配偶、子女、父母，都有权继承遗产，并且继承份额相等。发生法定继承后，遗产首先由第一顺位继承人继承，若没有第一顺位继承人，则由第二顺位继承人继承，并按人数等分。如果被继承人在生前立有遗嘱，指定人就可以按照遗嘱人在遗嘱中的分配意愿，将遗产中的部分或全部财产进行继承。除了遗嘱，还有生前过户的方法，但是"怎么过"也有很多技巧，对此，我们接下来将进行讲解。

什么样的房产过户方式最合适

导读

这些年，房市的走势只高不低，很多父母为了减轻子女负担，都会早早准备好房子，等到子女长大后，再把房子过户到子女名下，可是在过户的过程中，牵扯到很多费用，比如个人所得税、契税、公证费、产权转移登记费，等等。而这些费用甚至使父母觉得，还不如重新以子女的名义再买一套房。那么，面对房产过户，我们选择哪种方式更为划算？接下来，我们将从继承、赠与、买卖这三种方式来进行分析。

案例

王某在天津有一套面积为 90 平方米、市值 300 万元的普通住房，通过赠与方式将房产证上的名字改成了女儿的名字，却不料前前后后花掉了将近 13 万元。后来王某一咨询才知道，赠与房产虽然不需要交个人所得税和增值税，但需要按照房屋市场价格缴纳 3% 的契税和 0.05% 的印花税，不仅如此，还要分别缴纳 1 万元的评估费和 2 万多元的公证费，而登记费之类的其他费用也至少几千元。

这把王某惊到了，因为王某在北京还有一套价值550万元的80平方米的两居室，这要是和天津的房子一同赠与女儿，按照之前的费用算下来，要30多万元。

焦点问题

赠与、继承、买卖，哪一种过户方式成本最低？哪一种方式最简单？

案例分析

我们刚才说到，家长一般会考虑通过继承或赠与将房产过户给孩子。家长想将房产过户给子女的原因有很多，比如想规避家庭破产风险，为自己和孩子留条后路；担心夫妻感情出现危机，从保护子女权益出发，把房产登记在子女名下；提前为子女准备婚前财产。

无论是继承还是赠与，如果子女是在婚姻存续期间获得父母的房产，《婚姻法》第十七条和第十八条规定，除非"遗嘱或赠与合同中确定只归夫或妻一方的财产"，否则应当视为夫妻共同财产。因此，如果要避免房产成为子女与其配偶的共同财产，选择继承方式将房产过户给子女的父母需要注意的是，你不仅需要订立遗嘱，并且遗嘱中应当明确遗产归子女个人所有，否则会被认定为他们夫妻共同财产；选择赠与方式将房产过户给子女的父母需要注意的是，赠与合同中也应当明确，所赠与的房产归子女个人所有。

　　说完了这个问题，我们再来看看不同过户方式的成本。先来分析以赠与方式过户房产的成本。很多人都觉得，不论是从费用上来看，还是从流程上来看，赠与都是比较不错的选择，然而并非如此，我们拿王某的例子来说。如果我们选择赠与的方式，根据我国税法的相关规定，赠与房产虽然不需要交个人所得税、增值税和土地增值税，但需要按照房屋买卖的市场价格缴纳3%～5%的契税（各地标准不同）和0.05%的印花税，除此之外，还要缴纳房屋的评估费和公证费等。

　　其实用继承的方式过户，牵扯的费用是不一样的。我们还用王某在天津的房产进行计算，如果子女都是父母房产的法定继承人，那么根据我国税法的相关规定，和赠与的房子一样，依法取得房屋产权的法定继承人，也被免征个人所得税、增值税和土地增值税，但是法定继承人继承房产还可以免缴契税，这比赠与的方式少缴9万元。可以说，契税导致了继承和赠与的费用差别。一套在市面上卖300万元的普通住房，通过继承过户给子女只需要支付0.05%的印花税和3万多元的公证费、评估费等，相比赠与方式便宜了不少。

　　买卖房产的税费就比较复杂，由于受房屋面积、居住年限、普通住房或非普通住房、首套、二套、多套等的限制，如果将房产卖给子女，需要按照最高的标准缴纳个人所得税、增值税和契税，买卖过程产生的费用，可能比房产继承高出不少。根据我国税法的相关规定，作为卖方，如果房产已购买满五年且是家庭唯一一套普通住房，那么可以免缴个人所得税；如果不满五年或虽满五年但不是唯一一套住房的，需要缴纳房屋成交价与原购买价款差额 20% 的个人所得税。如果房产已购买满两年且是个人普通住房，可以免缴增值税；如果不满两年需要缴纳增值税，增值税的税率为房屋转让总价款的 5%。相应地，作为买方也需要缴纳一定的税费，如果个人购买的是家庭唯一一套住房，且房屋面积在 90 平方米以下，需要缴纳房屋转让总价款 1% 的契税；如果个人购买的是家庭唯一一套住房且房屋面积在 90 平方米以上，需要缴纳房屋转让总价款 1.5% 的契税；如果个人购买的不是家庭唯一一套住房或者不是首套房，则需要缴纳房屋转让总价款 3% 的契税。

从税费成本上来看，三种方式相比，继承最划算，但是条件苛刻，在实际操作中，因为继承是被继承人去世后才可以进行产权过户，而且办理时，继承人首先要到房屋所在地的公证处办理继承权的公证。如果财产所有人生前没有留下遗嘱，就会适用法定继承的方式。如果继承人很多，被继承人又想过户到其中一个人的名下，那么其他拥有继承权的人必须申明放弃遗产才能实现。

总结

综合来看，如果是准备用于长期自住的房产，用继承过户的方式最划算，其次是赠与过户；但是继承人打算将过户的房产出售，由于五年内转让或转让的是家庭非唯一住房，需要缴纳高额的个人所得税，所以采用买卖方式过户反而可能比赠与或继承过户更划算。所以，从法律层面来看，以上三种方式各有利弊和风险。最后，我们在此提醒，不要简单地从交易费用方面判断划算与否，毕竟不是所有事情都能用钱算得清楚，到底选择哪一种过户方式，一定要根据不同家庭的实际情况具体分析。

财富规划为何宜早不宜晚

导读

近年来，越来越多的高净值人士开始关注财富规划的问题。但对于年龄不大、身体健康的人来说，这件事似乎非常遥远。因为在他们的认知中，财富规划就意味着身后传承，而自己远不到最后一刻。其实一份具有远见的计划，不仅与身后传承有关系，也与财富保值增值、规避风险密不可分。因此，我们将会用一个真实的案例，为大家讲解财富规划为何宜早不宜晚。

案例

李某今年68岁，与一位比他大38岁的女影星在美国结婚。妻子去世后，他以美籍华人身份，带着亡妻留下的巨额财产回到了北京，成了亿万富豪、慈善家。资料显示，在过去的20余年里，他平均每天捐款7万多元，累计在全国捐款3.3亿元。2016年2月，人生巅峰的他万万没有想到，被确诊为阿尔茨海默病。然而，在李某以及家人共同与病魔做斗争的时候，却有人钻了空子，想趁机侵吞他的财产。

在半年内，李某两度被送进疗养院，又两度被"抢"了出来。"作战"双方，一边是至亲，一边是与他工作多年的同事。2016 年 10 月 25 日晚上 12 点，一个七辆车的车队"夜袭"疗养院，带走了李某，疗养院当即报警。25 个小时后，警方在一个公寓里找到了李某。而他只记得签了很多合同，那些人让他认可，林某对他财产进行管理的资格。林某是 A 公司的法人，他与李某签订了资产管理协议书，协议的内容显示：李某在北京的全部地产及物业，均交由 A 公司管理，托管期为 20 年，李某每年可获得 7 000 万元的收入。而林某，一转头就抵押了李某的部分房产，向另一家信托公司贷款 2.5 亿元，还让李某做了人和房产的双重担保。不过，李某当时是否意识清醒，确实不得而知。尚未成家的李某有一个孩子，经过 DNA 鉴定，李小某与李某确为父子关系。2016 年 10 月，李某的家人，以李某孩子李小某的名义，向法院提起申请，要求法院确认李某已无民事行为能力。

焦点问题

李某已经被鉴定为限制民事行为能力人，他的资产该怎么办？限制民事行为能力人需要监护人，谁能做这个监护人？

案例分析

李某没有配偶，父母已不在世，孩子还未成年，在这种情况下，他的两个定居瑞典的妹妹，是监护人的最优人选。不过，新

《民法总则》规定："具有完全民事行为能力的成年人，可以与其近亲属、其他愿意担任监护人的个人或者组织事先协商，以书面形式确定自己的监护人。"也就是说，监护人也可以由李某事先指定，但是李某事先为自己指定监护人的安排，必须要在他具有完全民事行为能力的时候做出，也就是在李某患阿尔茨海默病前。可是，李某的巨额财富到底由谁来打理，现在可能还不会有答案。但他之前签署的巨额抵押借贷合同，很可能被追认为无效，损失的财产也有可能会被追回。不过，这些要一一落实，需要经过一系列诉讼。

当财富积累到一定程度的时候，有的人会产生"不在乎钱"的念头，就像李某。但是我们要清楚，"不在乎钱"不等于"不规划钱"，让我们来做一个大胆的假设。如果李某在清醒的时候设立了家族信托，那么他的大部分财产就会被安置在信托的构架中，这笔钱不论被谁盯上，谁想动用，都不可能得逞，更不要说有人用威逼利诱的手段，骗他签署协议，从而达到盗取财产的目的。在家族信托中，信托财产一经委托人（李某）转移给受托人，即通过信托法律关系，便建立了与委托人财产的双向隔离机制，使得信托财产成为独立于委托人和家庭成员的个人财产。合法设立的家族信托，不会因为委托人或家庭成员的民事行为能力、债务、婚姻、去世等任何变化，而导致信托内的家族财产受损或消减。更重要的是，提前设立的家族信托，会根据委托人意识还清醒时的想法，预先安排好他的财富传承计划。即设计好在什么时间分配给什么人，包括抚养未成年子女、照顾和扶助特殊家族成员、传承家族企业、防止子女挥霍家产等。比如委托人可以在给孩子设立信托基金的合同中，对信托中的资产和利益如何分配设置一些条件：孩子在未成年时，每年领取多少学习和生活费用，孩子 18 岁成年后考上大学或出国留学每年可以领取多少费用，结婚、生育时一次性可以获得多少信托利益，购房或患病时可以一次性分得多少信托利益等。

总结

谈论最坏的打算，向来是中国人所忌讳的，然而在累积财富后，我们不得不理性、全面地看待财产问题。既然我们能预见财产分割时会有冲突，为何不在身体健康、神志清醒时预先对财富进行安排，比如事先指定好监护人或提前设立好家族信托，从而避免不必要的麻烦呢？所以我们要未雨绸缪，因为财富规划从不嫌早。

赠与孩子的房子，还能再要回来吗

导读

前面，我们谈到了子女以"不提供生活费"作为要挟，逼迫父母签署遗嘱，从而失去房产继承权的情况。那么，大家有没有想过，如果反过来，长辈，也就是父母或者祖父母，以赡养作为条件，将房子赠与子女或孙子女后，一旦子女或孙子女没有尽到承诺的赡养义务，父母或祖父母可以要回房子吗？如果房子已经成功过户给第三方，还可以要回来吗？

案例

王奶奶的儿子去世了，儿媳妇改嫁后，不愿意抚养孩子。王奶奶一手把孙子养大，直到他长大成家。由于王奶奶家里有些积蓄，不仅将死去儿子原有的房产买了下来，还单独购买了一处养老住房。可是后来因为年老多病，无法独自生活，2014 年 5 月，王奶奶提出来，将一处房产赠与孙子与孙媳，这个赠与是以孙子、孙媳赡养自己为前提条件的。孙子、孙媳一口答应，并签了承诺书。可是孙子、孙媳把老人送进医院后，就再没有履行过赡养义务。王奶奶最后一次就诊时间为 2016 年 8 月，在住院期间，二人不探视、不陪护，且王奶奶出院后，也不探望、不承担住院费用。孙子、孙媳不仅没有尽到承诺的赡养义务，还将已经过户的房产，转移到孙子的岳父、岳母的名下。2017 年 5 月，王奶奶一怒之下将二人告上了法庭，并将孙子的岳父、岳母列为第三人，要求撤销赠与，确认孙子与孙媳的转让行为无效，返还房产。

焦点问题

王奶奶以赡养自己为条件，与孙子、孙媳签订了赠与协议，并办理了房屋过户手续，在孙子、孙媳不履行赡养义务，并将房屋过户给孙子岳父、岳母的情况下，王奶奶能撤销房屋的赠与吗？

案例分析

在本案中，孙子和孙媳辩称，所谓的赡养义务是不存在的，他们签订的其实是"遗赠赡养协议"。也就是说，这个协议实则是王奶奶去世后才会发生法律效力的。现在王奶奶还没有去世，所以目前来看和这个协议没有关系。而且，在这之前王奶奶就已经将房产，更名过户给他们，那么房子本就跟王奶奶没有关系，更不是去世后的遗产，因此承诺书既没生效也不用履行。而且，他们从来没有表示过，不再赡养王奶奶，甚至在没有签订协议的时候，一旦王奶奶生病，就里里外外地跑，他们一直在尽义务。由此看来，对于涉案房屋出售给第三人的买卖行为，也是合法的。

然而，法院却不这么认为，因为不论怎么看，王奶奶的意思，都是将自己的房产，有条件地转让给孙子、孙媳，而二人也承诺照顾老人生活起居，双方形成了事实上的附赡养义务的赠与关系。《合同法》第一百九十条规定："赠与可以附义务。赠与附义务的，受赠人应当按照约定履行义务。"《合同法》第九十二规定，受赠人有下列情况之一的，赠与人可以撤销赠与："对赠与人有赡养义务而不履行"，"不履行赠与合同约定的义务"。《合同法》第九十四条规定："撤销权人撤销赠与的，可以向受赠人要求返还赠与的财产。"本案中，孙子、孙媳与王奶奶共同生活期间，虽然二人对老人履行了一定程度的赡养义务，但并未妥善照顾好老人的生活，尤其是后期把老人送进医院后，就再也没有对其履行过赡养义务。老人最后一次就诊时间为 2016 年 8 月，住院期间，二人不探视、不陪护，且老人出院后，也不探望、不承担住院费用。而且王奶奶于 2017 年 5 月起诉，也未超过法定的行使撤销权的期限。法律意义上的赡养义务不仅仅是指经济上的供养和生活上的照顾，还包括精神上的慰藉。孙子和孙媳没有履行赡养义务，在老人因病住院期间也未探视，因此，孙子和孙媳存在不履行赡养义务的事实，所以王奶奶有权要求撤销对二人的赠与。

最重要的是，孙子、孙媳与第三人在转让房屋时并未订立书面合同，在所谓的买卖时间内，虽然可以查到账户中转入了 15 万元，却无法证明资金来源及用途。而且，交易延长了至少一年才完成过户，这不符合正常的交易行为。可见，双方并没有进行真实的买卖，所以转让行为无效，二人应将涉案房屋返还王奶奶，而孙子的岳父、岳母则应配合王奶奶办理更名过户。

总结

该案例说明，有些人不要以为动一点歪心思，就可以达成自己的目的，面对法律，每一个环节都应该是合理、合法的。因此，我们要学会保障自己的利益，走正规程序，并保留好相关证据。

我们对待自己的财产要格外慎重，可以将自己的财产送给对自己好的人，但如果试图以这种方式，来约束他人对自己尽赡养义务，在赠送之前最好能了解一下相关法律和对方的人品，以免丢了财产，还生一肚子气。

公司实际控制人去世，会对公司上市产生什么影响

导读

俗话说，从哪里摔倒就从哪里爬起来。只是，如果一个企业家没能提早进行财富安排和规划，其发生意外后，就可能再也站不起来，其家庭和企业在未来的道路上也可能会碰到很多问题，这是现在众多企业家都需要注意的。接下来，我们为大家深入分析，如果一家公司正筹备上市，而实际控制人意外去世，对公司的 IPO 进程、公司的整体发展，以及个人财富传承会有何影响。

案例

李某为国内知名家纺企业的创始人，因为一场意外而摔伤，导致头部大出血，年仅 57 岁的他，于 2017 年 5 月 26 日抢救无效死亡。李某逝世时，公司正处于 IPO 排队期，身为企业家的他，有太多的身后事需要一一落实。作为该公司的实际控制人，带领企业上市是其生前的心愿之一。李某有四个孩子，李某的一些亲戚在企业中持有少量股份，而且均担任公司重要职位。但是

李某并没有做好立遗嘱等相关财富传承规划，李某的妻子、兄弟姐妹、孩子、妻子的一些亲戚、公司的一些职员，想必会上演激烈的财产争夺战。

焦点问题

如果拟上市公司的实际控制人意外去世，是否会影响 IPO 的进程、企业的整体发展及财富传承呢？

案例分析

首先，我们都知道一家公司发展壮大后，会面临何时上市的问题。而且相关法律对公司 IPO 有着明确且非常严格的规定，比如公司股权架构不明朗的，不可以；最近三年内实际控制人发生过变更的，不可以；最近三年内董事或者高级管理人员发生过大变化的，也不可以。可以说，很多企业因为这些问题，都没能上市成功。还有些拟上市公司遇到的阻碍来自高管的婚变。在本案中，公司申请 IPO 期间，董事长李某意外身亡，虽然公开资料显示，大部分董事会成员稳定，但实际控制人、主要股东的去世，意味着公司控制权的变化，甚至公司的经营方针和决策等方向性问题均会发生改变。所以证监会在评估上一定会着重考虑这些内容，那么结果会令人担忧。但抛开证监会的质疑，整个家族乃至外界，对控制权的更改可能引发的问题，才是需要格外关注的。

李某有四个孩子，如果他的父母在世，根据相关法律规定，他们都同为第一顺序继承人。但是问题的复杂性不止于此，根据公开资料，李某的一些亲戚在企业中持有少量股份，而且均在公司内部担任重要职位。如果李某在生前没有做好立遗嘱等相关财富规划，那么根据《继承法》，李某的妻子也会被推倒风口浪尖。这样一来，李某的兄弟姐妹、孩子、妻子的一些亲戚、公司内部的一些职员，想必会进行一场激烈的财产争夺战，这种情况下，公司的控制权将面临很大的不稳定性。此时，如果想要化解这场危机，李某的第一顺序继承人中，德高望重的人或较强势的人，在得到其他家族成员的认同后，能够出面控制这种局势，也算是一个简单的办法，虽然这种办法会遗留一些问题，但能够暂时解决公司的困难。

这场意外，牵扯的事情还不止如此，李某如果没能提早进行财富安排和规划，那么家庭和企业还会面临哪些问题呢？

我们先来说说家庭。按理说，每个大家族企业家，都应在传承方面下一番功夫，有些是希望后辈能扛起责任，带领整个家族继续发展，有些则是纯粹担忧下一代的挥霍，怕使家族衰败。家族财富的传承规划，是希望将大家凝聚在一起，继续往前走。如果没有整体规划，当李某的财富只传承给子女，一旦其中有人已婚，那么所继承的部分财产就会成为夫妻共同财产。要是将来子女发生离婚，这笔钱定会被配偶分割。如果李某从没有和妻子对婚内共同财产做过约定，在他死亡后，他名下的一半财产都应该是妻子的，而他的妻子作为第一顺序继承人，又可以从他的遗产中继承相当份额的财产，这样，有一种极端情况我们不能排除，就是妻子完全可以通过赠与、继承或其他方式，将这些财富分配给自己娘家的亲属，从而导致财富最终流向外姓人。如此看来，一旦这个家族的一把手，没有做全面的安排，当资产过于分散，曾经的一个整体，就变成了无法再次整合的散沙，家族企业难免不面临更多的发展风险。如果一家公司的实际控制人或高级管理层中的人发生意外后去世，或者公司的实际控制人发生离婚的情况，都会让企业的未来发展非常不稳定，甚至无法正常上市。而这个问题，在我国目前较常见。很多家族或者企业因为没有及时进行财富规划，陷入了尴尬的境地。

总结

综上，我们要提醒企业家，做好万全的准备，才能抵挡住不可预测的风险。比如婚变的问题，结婚前，其实谁也不想以后分开。身为一家企业的掌门人，为了避免实际控制人因为婚姻、继承等问题对公司经营产生影响，可以提前设立家族信托，对实际控制人所持有的股份进行隔离，从而起到稳固股权的作用。不过，值得注意的是，虽然目前 IPO 规则明确排斥通过家族信托持有公司股份，但设立家族信托的好处仍有很多，如果有债务等方面的风险，被隔离的资产可以达到急救的效果。此外，为了企业的稳定发展，以及家族财富的顺利传承，运用遗嘱和大额保单等工具进行财富规划也是不错的选择。